Lars Schäfer

Emotionales Verkaufen

Lars Schäfer

Emotionales Verkaufen

Was Ihre Kunden
WIRKLICH wollen

Bibliografische Information der Deutschen Nationalbibliothek

Die Deutsche Nationalbibliothek verzeichnet diese Publikation
in der Deutschen Nationalbibliografie; detaillierte bibliografische
Daten sind im Internet über http://dnb.d-nb.de abrufbar.

ISBN 978-3-86936-339-4

Lektorat: Susanne von Ahn, Hasloh
Umschlaggestaltung: Martin Zech Design, Bremen | www.martinzech.de
Umschlagfoto: giz/fotolia
Satz und Layout: Lohse Design, Heppenheim | www.lohse-design.de
Druck und Bindung: Salzland Druck, Staßfurt

3. Auflage 2013

www.gabal-verlag.de

Abonnieren Sie den GABAL-Newsletter unter:
newsletter@gabal-verlag.de

Inhaltsverzeichnis

Ein paar Worte vorweg

„Jeder ist sich selbst der Nächste." Dieses alte Sprichwort begegnet mir häufig, wenn ich mit Verkäufern rede und sie nach ihren Absichten und Zielen im Job befrage. Natürlich müssen wir alle irgendwie unser Geld verdienen, unsere Familien ernähren und an unsere Altersvorsorge denken, aber muss es so weit gehen, dass den Kunden bewusst falsche Angaben über Produkte gemacht werden, nur damit sie endlich kaufen? Es gibt eine alte Verkäuferweisheit, die besagt, dass man niemals Fragen beantworten sollte, die der Kunde nicht gestellt hat. Das ist vollkommen in Ordnung, solange dem Käufer dadurch kein Schaden entsteht. Wenn er nicht nach einem günstigeren Preis fragt, bieten Sie ihm auch nichts an. Wenn er partout nicht wissen will, wie man bei einem iPhone einen Screenshot macht, dann erklären Sie ihm das auch nicht. Denn es interessiert ihn offensichtlich nicht.

Eine Gewissensfrage …

In meiner aktiven Zeit im Außendienst gab es einen Artikel, den ich nicht verkaufen wollte, auch wenn die Kunden manchmal noch so gebettelt haben: ein Heißluftgebläse, das seine Aufgabe zu ernst nahm, da es nach wenigen Minuten in Betrieb dermaßen heiß wurde, dass hinten die Flammen herausschlugen. Glücklicherweise ist damals niemand zu Schaden gekommen, aber die Gefahr war groß. Stellen Sie sich vor, Sie hätten einen richtig schlechten Monat und vor Ihnen stünde ein potenzieller Neukunde, der eine große Menge dieser Heißluftgebläse kaufen will: Verfahren Sie nach dem Motto „der Genießer schweigt" und weisen ihn nicht auf die Gefahren hin oder gehen Sie in die Offensive und raten ihm vom Kauf ab, obwohl Sie die Provision richtig gut gebrauchen könnten?

Wenn Sie sich bei der Beantwortung dieser Gewissensfrage nicht entscheiden können, gehen Sie einen Schritt weiter: Wollen Sie ein schnelles Geschäft abschließen, das mit hoher Wahrscheinlichkeit zu einer Reklamation, einer Rücksendung und einem unzufriedenen Ex-Kunden führt, oder gehen Sie das Risiko ein, diesen aktuellen Auftrag nicht zu bekommen, dafür aber auf dem besten Wege zu sein, sich einen treuen Kunden zu verdienen?

Ich sage: Sie können nicht ehrlich genug gegenüber Ihren Kunden sein! Je mehr Sie sich um sie kümmern, je öfter Sie sie vor einer Fehlentscheidung bewahren, umso stärker werden sie Ihnen vertrauen. Wir leben doch in einer Zeit, in der wir als Unternehmer und auch als Verkäufer immer vergleichbarer werden, da die Kunden sich jederzeit über uns und unser Unternehmen im Internet informieren können und das auch tun. Mit diesem Wissen wollen sie ernst genommen werden und vor allen Dingen eins: Vertrauen haben.

Vertrauen ist das größte Kaufmotiv

Vertrauen ist das größte Kaufmotiv in unserer Zeit. Ohne die schlechten Erfahrungen mit Banken in den letzten Jahren überstrapazieren zu wollen, sind wir doch alle vorsichtiger im Umgang mit unserem Geld geworden. Die meisten Umfragen der GFK (Gesellschaft für Konsumforschung) bestätigen, dass wir wieder konsumieren wollen (die überfüllten Skigebiete beispielsweise unterstreichen diesen Punkt), es uns allerdings genauer überlegen, wem wir große Teile unseres Gehalts gönnen. Um kritische Kunden zu gewinnen, geben die einen Verkäufer Rabatte bis hart an die Insolvenzgrenze und die anderen bringen ihre Persönlichkeit ins Spiel. Wenn es hart auf hart kommt und die Fakten vergleichbar sind, dann zählen sogenannte weiche Faktoren.

Nur wer seine Kunden – von Herzen – ernst nimmt und wertschätzt, sie ehrlich, fair und zuverlässig behandelt, hat gute Chancen, ihr Vertrauen und ihre Loyalität zu gewinnen. Verkäufer, die zukünftig erfolgreich sein wollen, brauchen neue Qualitäten. Das *emotionale Verkaufen* ist eine solche neue Qualität.

1. Emotionales Verkaufen: Es geht um *sie* und nicht um *Sie*

Kunden wollen gute Gefühle, sie wollen Bedürfnisse befriedigt, Probleme gelöst und Wünsche erfüllt haben. Wer langfristig erfolgreich verkaufen will, muss sich auf die Kunden (sie!) mit all ihren Sorgen und Hoffnungen einstellen und nicht in erster Linie Produktvorteile betonen. Das geht nicht ohne Emotionen. Was sind eigentlich Emotionen und wie wirken sie? Damit wollen wir beginnen.

Was sind Emotionen und was bewirken sie?

Erfahrungen prägen uns

Laut Lexikon sind Emotionen *Erregungen* beziehungsweise Gefühlsregungen. Es sind kurze, mitunter intensive Impulse, die unser Gehirn bekommt, wenn wir eine Situation oder Person wahrnehmen. Gegen das, was dann passiert, sind wir Menschen zunächst machtlos: Wir suchen unterbewusst nach Erfahrungen, die wir in ähnlichen Situationen oder mit ähnlichen Personen gemacht haben, und bekommen eine Emotion serviert. Sofort ist uns jemand sympathisch oder unsympathisch, wir empfinden eventuell Mitleid oder Freude, Angst oder Begeisterung. Je häufiger eine bestimmte angenehme Emotion von ein und derselben Person oder Situation in uns ausgelöst wird, desto größer ist die Chance, dass ein tiefes, lang anhaltendes Gefühl wie zum Beispiel Vertrauen daraus wird. Das gilt genauso umgekehrt für negative Erfahrungen. Warum sind die meisten Kinder eher bereit zu vertrauen als wir Erwachsene? Sie haben einfach noch nicht viele Erfahrungen mit bestimmten Men-

Erfahrungen prägen uns

schen oder Dingen gemacht, sowohl im positiven als auch im negativen Sinne.

Welche Emotionen gibt es? Da sind negative Aspekte wie Mitleid, Enttäuschung, Angst, Neid und Trauer und auf der anderen Seite positive Regungen wie Freude, Sympathie, Stolz, Verliebtheit oder Begeisterung. Wenn es darum geht, dauerhaft im Gedächtnis unserer Kunden zu bleiben und das womöglich angenehm, sollten wir uns auf die letzteren Emotionen beschränken, wobei „Verliebtheit" hier eher eine Metapher für beispielsweise „Fan einer Marke sein" darstellt. Ein paar Beispiele zur Veranschaulichung:

- *Liebe männliche Leser: Stellen Sie sich vor, Sie stehen morgens auf, schlaftrunken ziehen Sie die Rollläden hoch – und was sehen Sie? Der Nachbar hat schon wieder ein neues Auto, und was für einen Schlitten! Was macht unser Gehirn jetzt? Es sucht nach Erfahrungen und Begründungen. „Der kommt doch immer schon um vier von der Arbeit nach Hause, so einen tollen Job hat der ja auch nicht. Warum der und nicht ich? Der hat doch eh alles nur geerbt." Was entsteht in diesem Augenblick? Neid!*

- *Oder Ihr Kind kommt mit einer Eins in Mathematik nach Hause. Was empfinden Sie? Stolz! Das geht so lange gut, bis es Ihnen die Fünf in Englisch zeigt …*

- *Ein Beispiel für die Damen unter Ihnen: Die Tür öffnet sich und es erscheint eine Mischung aus Brad Pitt, George Clooney und einem weiteren gut aussehenden Mann Ihrer Wahl. Was Sie dann spüren, ist noch lange keine Liebe, da laufen zunächst ganz andere chemische Prozesse in Ihnen ab, mit denen ich Sie und Ihre Fantasie jetzt alleine lasse.*

Das sind alles kurze, aber heftige Gefühlsregungen. Wenn diese Impulse oft genug kommen, wird irgendwann ein tiefes Gefühl daraus. Wenn der Nachbar uns dauerhaft neidisch macht, können wir ihn irgendwann überhaupt nicht mehr leiden. Wenn Ihr Kind nur noch mangelhafte Zensuren mit nach Hause bringt, heißt das nicht, dass Sie es nicht mehr lieben, Sie bekommen allerdings auf

Dauer einen Knoten in den Magen, wenn Sie an Schule denken. Und sollte dieser extrem gut aussehende Mann auch noch weitere Ihrer Bedürfnisse bedienen, steht der Hochzeit nichts mehr im Wege.

Für die Zusammenarbeit mit Ihren Kunden heißt das nun: Je häufiger Sie in ihm diese positiven Emotionen auslösen, umso eher wird er bei der Vergabe eines Auftrags oder Angebots an Sie denken, umso öfter wird er zum Beispiel Ihr Ladengeschäft besuchen, weil er sich dort wohlfühlt und Ihnen vertraut. (Eine detaillierte Übersicht mit den verschiedenen Intensitäten von Emotionen finden Sie beispielsweise im Internet unter: http://arbeitsblaetter.stangl-taller.at/EMOTION/.)

Obwohl dieses Thema wissenschaftlich noch längst nicht vollständig erforscht ist, einigen wir uns, um eine gemeinsame Sprachgrundlage zu haben, auf folgende Begriffsabgrenzung:

Emotionen sind eher kurz, oberflächlich, intensiv und aktivierend (zum Beispiel „Begeisterung", „Verliebtheit"), Gefühle lang anhaltend, tief und eher passiv und beruhigend (zum Beispiel „Zufriedenheit", „Liebe").

Das Fundament allen Verkaufserfolgs ist allerdings immer noch das Fachwissen, ohne das wir kein dauerhaftes Vertrauen aufbauen können.

Was bedeutet emotionales Verkaufen und was nicht?

Mit einer Anekdote aus meinem Trainerleben möchte ich Ihnen verdeutlichen, was emotionales Verkaufen heißen kann, und vor allem, was nicht:

Um in einem großen Konzern Mitarbeiter trainieren zu dürfen, reicht es längst nicht aus, ein originelles Thema zu haben oder die Personalentwicklungsabteilung zu überzeugen. Wenn Sie diese Hürden überwunden haben, steht ein Vorsprechen vor dem kompletten Betriebsrat an. Eigentlich kein Problem, wenn man weiß, wovon man spricht. Allerdings sitzen dort Mitarbeiter aus allen Unternehmensbereichen, und wie es das Schicksal in meinem Fall wollte, hatte dort niemand auch nur den geringsten Bezug zum Verkauf. Nachdem ich über eine halbe Stunde befragt worden war, wie denn solch ein Seminar abläuft und was die Mitarbeiter davon haben würden, brachte mich die Chefin der Personalentwicklung in ihr Büro, damit ich dort auf das „Urteil" warten konnte. Es vergingen weitere 30 Minuten und ich fühlte mich nicht unbedingt besser: Was gab es denn zum Thema emotionales Verkaufen so lange zu diskutieren? Der Bedarf war doch klar ... Endlich kam meine Ansprechpartnerin mit einem Grinsen im Gesicht zu mir herein und teilte mir mit, dass wir mit den Seminaren starten könnten, mit einer Einschränkung: „Wir müssen den Titel ändern!" Was war passiert? Die Mitglieder des Betriebsrats kannten im Vorfeld nur den Titel und die Kurzbeschreibung der Trainings, sie hatten nicht weiter recherchiert, wer ich bin und warum ich tue, was ich tue. Da ich zu Beginn des Gesprächs zunächst etwas zurückhaltend war, um die Stimmung im Raum wahrzunehmen, und hinterher „lebhaft, witzig und ehrlich" auf die Mitarbeiter wirkte, waren einige von ihnen irritiert: „Wir haben so einen Chaka-Trainer erwartet!"

Emotionales Verkaufen heißt nicht Manipulation

Mein erster Gedanke war: Wie kann man denn unter emotionalem Verkaufen „über glühende Kohlen laufen" verstehen? Später allerdings wurde mir klar, dass viele Menschen mit Emotionen Manipulation verbinden, und zwar die der egoistischen und negativ beeinflussenden Art. Dahinter steckt die Befürchtung (Achtung:

Emotion!), etwas zu kaufen, obwohl man es gar nicht braucht, etwas regelrecht aufgeschwatzt zu bekommen. Genau das bedeutet emotionales Verkaufen nicht.

Emotionales Verkaufen bedeutet, eigene Emotionen wahrzunehmen, zuzulassen und die Emotionen des Kunden in den Mittelpunkt zu stellen.

Wenn Sie den Mut aufbringen, Ihre ganze Persönlichkeit in den Verkaufsprozess einfließen zu lassen, haben Sie schon den ersten Schritt zum emotionalen Verkaufen gemacht. Dadurch unterscheiden Sie sich bereits von Ihren Mitbewerbern, die wenig bis nichts von sich preisgeben. Natürlich gibt es unterschiedliche Auffassungen und verschiedene Verkaufsphilosophien. Werden Sie sich für sich selbst klar darüber, wie Ihr Selbstverständnis vom Verkaufen ist; finden Sie Ihren Weg heraus. Als erste Steigbügelhilfe biete ich Ihnen an, einmal intensiv über die unten abgedruckten Behauptungen nachzudenken:

Die ganze Persönlichkeit in den Beruf einbringen

Bitte bewerten Sie folgende Aussagen über einen Verkäufer auf einer Skala von 0 (= trifft gar nicht zu) bis 10 (= trifft auf jeden Fall zu):

Ein guter Verkäufer …
ist ein Jongleur zwischen den Interessen seines Arbeitgebers und seiner Kunden.

0	1	2	3	4	5	6	7	8	9	10

ist immer mit Anzug und Krawatte bekleidet, ganz gleich, welche Art von Kunden er besucht oder empfängt.

0	1	2	3	4	5	6	7	8	9	10

führt seine Gespräche hauptsächlich durch Fragen.

0	1	2	3	4	5	6	7	8	9	10

kann alles verkaufen.

0	1	2	3	4	5	6	7	8	9	10

kennt seine Produkte in- und auswendig.

0	1	2	3	4	5	6	7	8	9	10

berät seine Kunden nur.

0	1	2	3	4	5	6	7	8	9	10

Wie auch immer Sie diese Aussagen bewertet haben: Es ist Ihre Meinung, Ihre Einstellung zum Beruf des Verkäufers und Ihre Haltung zum Kunden. Mit welchen Mitteln Sie zum Ziel beziehungsweise zum Auftrag gelangen, entscheiden Sie ganz alleine. In Kapitel 2 erfahren Sie, wie Sie etwas über Ihre Außenwirkung herausfinden. Um dem Thema „bildhafte Sprache" vorzugreifen: Werfen Sie das komplette Fleisch auf den Grill, nicht nur die Würstchen. Gehen Sie als ganze Persönlichkeit zum Kunden. Das erreichen Sie mit folgendem Vorgehen:

Stellen Sie die Interessen Ihrer Kunden in den Mittelpunkt Ihres Schaffens!

In der Praxis steht der Kunde selten im Mittelpunkt

Das ist ein alter Hut, wird der eine oder andere von Ihnen jetzt denken, das sagen sie alle. Und genau deshalb erwähne ich es hier, weil dieser Spruch in ähnlicher Form mittlerweile auf jeder zweiten

Unternehmenshomepage zu finden ist. Unter uns: Finden Sie sich auf besagten Internetseiten wieder? Fühlen Sie sich immer angesprochen? Es gibt richtig gute Seiten, bei denen der Betrachter das Gefühl hat, dass sich hier jemand viele Gedanken gemacht hat, was den Kunden oder Interessenten ansprechen könnte. Sehr häufig jedoch verknoten sich wahrscheinlich Ihre Hirnwindungen, wenn Sie Textpassagen lesen, die vor Fremdwörtern, Anglizismen wie „Inside Sales" oder „Commitment" oder seitenlangen Schachtelsätzen nur so strotzen. Dort werden Produkte nur anhand ihrer technischen Merkmale beworben, die lediglich Fachleute verstehen, ohne dass dem Leser klar wird, was er davon hat, wenn er sie kauft.

Stellen Sie sich Ihr Angebot oder Ihre Internetseite wie das Schaufenster eines Ladengeschäfts vor und stellen Sie sich hin und wieder auf den Bürgersteig davor. Wenn Sie einen Shop betreiben: Gehen Sie einfach mal kurz an die frische Luft.

Nehmen Sie den Blickwinkel des Kunden ein.

Wie es schon in der Kapitelüberschrift steht: Es geht um die Kunden (*sie*) und nicht um *Sie* (den Verkäufer). Mit dieser Grundhaltung haben Sie es in Verkaufsgesprächen oder Verhandlungen wesentlich leichter und müssen deutlich weniger argumentieren oder sich rechtfertigen – ohne sich zu verbiegen. Danach nämlich kommt erst die Kür:

Bieten Sie Ihren Kunden ein Kauferlebnis!

Haben Sie Ihren Neuwagen schon einmal direkt beim Hersteller abgeholt? Ob Sie nun nach Wolfsburg, München oder Zuffenhausen fahren, um das Objekt Ihrer Begierde zum ersten Mal zu bestaunen: Die Autobauer veranstalten mit Ihnen eine regelrechte Party mit aufmerksamem Service und einem Spannungsbogen, der seinesgleichen sucht. Sie werden hofiert, unterhalten und verköstigt. Diese ganze Aktion hat nur ein einziges Ziel: Sie sollen sich Ihr Leben lang an diesen Tag erinnern und so eine tiefe Beziehung zu Ihrer Lieblings-Automarke aufbauen.

Die Autohersteller machen es vor

Beispiel Bekleidung

Es geht auch eine Nummer kleiner und persönlicher: Ein Freund erzählte mir kürzlich von einem Herrenausstatter, dessen Inhaber eine ganz eigene Art des Verkaufens an den Tag legt: Er wirft beispielsweise im Gehen die Anzugshose und die dazu passende Jacke so auf den Boden, dass es wie ordentlich hingelegt aussieht; er verknotet die Hosenbeine, dann zieht er auf der einen und der Kunde auf der anderen Seite daran, um zu demonstrieren, wie knitterfrei diese Hose aus dem Knoten wieder herauskommt. Gut, das Auf-den-Boden-Werfen bedarf einiger Übung und ist nicht jedermanns Sache. Aber: Die Kunden sind angetan von dieser Vorführung und erzählen es weiter.

Beispiel Werkzeugbranche

Als ich noch neu im Verkaufsgeschäft war, fuhr ich mit meinem damaligen Chef gemeinsam zu einem Kunden. Unser Ziel war es, einen neuartigen Hartschalenkoffer für Werkzeuge an einen Händler zu verkaufen. Dieser Koffer hatte den großen Vorteil, unzerbrechlich zu sein. Nun stellen Sie sich bitte einen etwa 60-jährigen, 1,75 Meter großen, recht umfangreichen, wenn nicht dicken Mann vor, der wie Rumpelstilzchen auf dem Koffer herumspringt, nur um zu demonstrieren, wie robust dieser Behälter ist. Dieses Bild hat sich dauerhaft in meine Netzhaut eingebrannt. Solch eine Show gefällt noch lange nicht jedem Kunden (siehe Kapitel 3, Achtsamkeit), allerdings beweist sie wieder einmal, dass es immer Mittel und Wege gibt, den Käufer etwas erleben zu lassen. Und in diesem speziellen Fall führte es zum Auftrag.

Je mehr Erinnerungen Ihr Kunde an den Besuch bei Ihnen hat, umso größer stehen die Chancen, dass Sie auch zukünftig mit Anfragen und Aufträgen bedacht werden. Damit Sie Ihrem Kunden ein solch einschneidendes Erlebnis bieten können, brauchen Sie ein wenig Fantasie und mitunter auch Mut. Denken Sie doch einmal darüber nach, wie Sie den Einkauf bei Ihnen zu einem einmaligen Erlebnis machen können.

„Wie kommt die Toskana nach Wanne-Eickel?"
Die Kopf-Herz-Formel

Im Sommer 2010 stand ich abends nach einem Vortrag noch mit einigen Teilnehmern auf der Terrasse des Seminarhotels zusammen. Als ich eine junge Dame aus der Runde fragte, was sie beruflich mache, antwortete sie: „Ich verkaufe Möbel." Ein ehrenwerter Beruf. Aber erregt eine solche Aussage positive Aufmerksamkeit und Neugierde? Zieht unser Gesprächspartner und eventuell potenzieller Kunde nach einem solchen Satz die Augenbrauen hoch und will mehr wissen? Eher nicht. Nach einem kurzen Frage-Antwort-Spiel stellte sich heraus, dass meine Gesprächspartnerin mit einer Freundin zusammen antike Möbel aus der Toskana importiert, diese restauriert und wieder verkauft. Das hört sich doch schon spannender an ... Wenn Sie diese Dame heute fragen, was sie beruflich macht, wird sie Ihnen wahrscheinlich antworten: „Ich bringe Ihnen die Toskana nach Hause."

Beispiel: Was machen Sie eigentlich beruflich?

Wenn Ihr Zuhause die Stadt Wanne-Eickel im Ruhrgebiet ist, dann bringt sie Ihnen die wunderschöne Toskana eben dorthin, der Fantasie sind keine Grenzen gesetzt.

Um es klarzustellen: Es ist vollkommen in Ordnung, wenn Sie sagen: „Ich verkaufe Möbel." Da wir uns hier aber mit emotionalem Verkaufen beschäftigen, sollten wir uns alle einmal Gedanken machen, wie wir uns in der Art des Auftritts und der Außenwirkung angenehm abheben können. In Kapitel 7 (Emotionaler Elevator-Pitch) erfahren Sie, wie Sie dorthin gelangen, dass für Ihre Interessenten klar wird, was Sie tun, und vor allem, wie Sie es tun.

Wenn Sie um die Wirkung von Emotionen wissen, diese bewusst einsetzen und Ihren gesunden Menschenverstand aktivieren, dann nenne ich das die „Kopf-Herz-Formel": Sie gehen zwar strategisch vor, berücksichtigen dabei jedoch, dass Ihr Kunde keine Nummer ist, sondern ein Mensch mit Gefühlen und Bedürfnissen, denen Sie, so gut es geht, gerecht werden wollen. In Ihrem eigenen Interesse. Diese Formel setzt sich aus drei „A" zusammen:

Die drei A

- *Authentizität:*
  Seien Sie Sie selbst und spielen Sie Ihren Kunden nichts vor.
- *Achtsamkeit:*
  Beachten Sie, was Ihnen Ihr Kunde gerade sagt, verbal und non-verbal.
- *„Anpassungsfähigkeit:*
  Gehen Sie flexibel auf den Kunden und die Situation ein und bleiben Sie dabei immer authentisch.

Auch wenn es manchmal etwas länger dauern mag, bis Sie den Auftrag bekommen: Auf diese Weise verdienen Sie sich dauerhaft treue Kunden, die gerne bei Ihnen kaufen, und senken Ihre Rückgabe- oder Stornoquote enorm.

In den folgenden Kapiteln geht es genau um diese drei „A" und darum, was alles dahintersteckt.

Das Wichtigste in 7 Schritten

1. Sie können nicht ehrlich genug zu Ihren Kunden sein.
2. Vertrauen ist das größte Kaufmotiv unserer Zeit.
3. Emotionen sind kurze, oberflächliche, aber intensive und aktivierende Gefühlsregungen.
4. Emotionales Verkaufen bedeutet, seine Emotionen wahrzunehmen, zuzulassen und die Emotionen des Kunden in den Mittelpunkt zu stellen.
5. Grundlage jeden Verkaufs bleibt das Fachwissen. Nur dann kann Vertrauen entstehen.
6. Nehmen Sie den Blickwinkel des Kunden ein.
7. Verkaufen Sie authentisch, achtsam und anpassend.

2. Authentizität:
Seien Sie Sie selbst

Erinnern Sie sich an die Fernsehwerbung von „Du darfst"? „Ich will so bleiben, wie ich bin. Du darfst!" Sie dürfen das auch: Sie selbst bleiben. Das ist die gute Nachricht für jeden Verkäufer. Wenn wir uns da nur nicht hin und wieder selbst im Wege stehen würden: Mal ist es die Firmenphilosophie, mal die Rolle, die uns mit unserem Job auferlegt wird, mal ist es vermeintlich sogar der Kunde, der uns daran hindert, authentisch zu sein.

Prüfen Sie Ihr Selbstbild und Ihr Fremdbild

Schauen wir uns den Begriff „Authentizität" genauer an. Was bedeutet „authentisch"? In Bezug auf Personen heißt es, dass jemand echt wirkt, ungekünstelt und glaubwürdig, dass er sich nicht durch äußere Bedingungen beeinflussen lässt. Diese Menschen wirken auf andere selbstbewusst, ehrlich und kompetent. Gehen Sie einmal Ihren Freundes-, Bekannten- und Kollegenkreis im Geiste durch: Wer wirkt auf Sie besonders authentisch, wer vielleicht weniger, und vor allem: Woran machen Sie das fest? Was ist es genau, was diese Menschen so echt wirken lässt, und wie merken Sie, dass jemand eventuell flunkert, getreu dem Motto „mehr Schein als Sein"?

Wechseln wir kurz die Perspektive: Haben Sie als Kunde auch schon das Gefühl gehabt, dass irgendetwas nicht stimmt, obwohl der Verkäufer eigentlich sehr kompetent, freundlich und ehrlich schien? Sie wollen das Auto beispielsweise unbedingt kaufen, weil alles passt: der Preis, die Ausstattung, die monatliche Rate. Trotzdem sind Sie entgegen Ihrer sonstigen Art sehr zögerlich und können sich nicht wirklich zum Kauf durchringen. Das könnte an Folgendem liegen: Der Verkäufer hat in Ihnen unbewusst negative Emotionen ausgelöst. Das können bestimmte Formulierungen sein, gewisse Gesten,

Kunden merken unbewusst, wenn etwas „nicht stimmt"

die nicht zur Aussage passten, oder eine Mimik, die Sie skeptisch werden ließ. Das alles läuft, wie zu Beginn erwähnt, in unserem Gehirn automatisch ab, indem es Erfahrungen mit ähnlichen Situationen oder Personen abgleicht. Wenn unser Unterbewusstsein zu dem Schluss kommt, dass die Puzzle-Teilchen nicht zusammenpassen, bekommen wir das Signal, dass wir vorsichtig sein sollten: Hier ist etwas faul!

Es gibt viele Menschen, die auf den ersten Blick authentisch wirken, denen man alles abnimmt, was sie sagen. Sie vermitteln den Eindruck, vollkommen glaubwürdig zu sein, und strahlen eine innere Stärke aus. Auf den ersten Blick …

Beispiel: Wenn Sie sich verbiegen müssen …

Eines meiner ersten Verkaufstrainings hielt ich in einem Unternehmen ab, das von seinen Verkäufern Dinge verlangte, die ich nicht wirklich unterstütze: Zwar hatte ich einige Freiheiten, was die methodische Ausarbeitung des Seminars anbetraf (also wie der Lernstoff trainiert werden sollte), aber zum Beispiel bei Kundeneinwänden oder Reklamationen sollten gewisse Standardformulierungen eintrainiert werden: Wenn der Kunde A sagt, müssen Sie B sagen; wenn er C sagt, dann D. Diese Formulierungen hätten sich in der Vergangenheit bewährt. Wie soll das funktionieren? Jeder hat doch seine eigenen Spracheigenarten, seine eigenen Gedanken. Zudem hören sich auswendig gelernte Phrasen alles andere als glaubwürdig und ernst gemeint an. Auswendig gelernt eben. Was habe ich gemacht? Ich tat, wie mir „befohlen" wurde, und versuchte mit aller Überzeugungskraft, den Teilnehmern diese Formulierungen zu verkaufen. Nach dem Motto „Ich war jung und brauchte das Geld" habe ich gute Miene zum bösen Spiel gemacht und mich sprichwörtlich am Riemen gerissen. Bei den ersten beiden Seminaren klappte das ganz gut, die Rückmeldungen der Teilnehmer waren in Ordnung und einige schrieben sogar wörtlich in den Feedbackbogen, dass ich ein authentischer Trainer sei. Alles richtig gemacht. Oder? Bis ich eines Tages merkte, dass ich auf dem Rückweg von besagten Seminaren wesentlich müder und gerädeter war als sonst nach Trainings, in denen ich meine Überzeugungen und Werte ausleben konnte und durfte.

Streng nach der Definition des Begriffes „Authentizität" war ich authentisch, weil ich eben so wirkte, zumindest auf die anwesenden Teilnehmer. Ein Mensch, der sehr achtsam ist (vgl. hierzu Kapitel 3), hätte erkannt, dass ich mich nicht wirklich wohlgefühlt habe in meiner Haut. Mit der Zeit waren die Teilnehmer-Feedbacks zwar noch gut, aber nicht mehr so begeistert und mein Magengrummeln wurde auf dem Weg zu diesem Kunden immer größer. Mittlerweile arbeiten wir nicht mehr zusammen: Es passte von der Philosophie her einfach nicht. Finanziell im ersten Augenblick schmerzhaft, war es dann doch eine große Erleichterung, die mir viel Kraft für neue Dinge gab.

Was heißt das nun für Sie als Verkäufer? Wenn Ihr Denken, Fühlen und Handeln nicht übereinstimmen (der Fachbegriff aus der Psychotherapie lautet hierfür „Kongruenz"), dann wirken Sie nicht nur nicht authentisch, Sie sind es auch nicht. Wenn Sie – aus welchen Gründen auch immer – dem Kunden eine Rolle vorspielen, merkt er das. Vielleicht nicht bewusst, vielleicht kann er noch nicht einmal sagen, was ihn stört. Er hat nur so ein „komisches" Gefühl im Bauch. Sicherlich kann man sich eine Zeit lang zusammenreißen und etwas tun, was einem eigentlich nicht gefällt. Ist dieser Zeitraum allerdings zu lang – und das entscheidet allein Ihre Psyche –, schadet das Ihrer Gesundheit, Sie können darüber krank werden.

Kongruenz: Mit sich im Einklang sein

Da gibt es den jungen Mann, der immer gut drauf ist, immer einen Scherz auf den Lippen hat und zu allen Menschen stets nett und freundlich ist, zu Hause in seinen eigenen vier Wänden aber still und verschlossen und häufig frustriert ist. Da seine Freunde und Kollegen ihn irgendwann einmal als besonders lustig und immer gut gelaunt identifiziert haben, spielt er dieses Spiel eben mit. Sei es, um Anerkennung zu bekommen oder um einfach nur seine Ruhe zu haben, damit man ihm nicht andauernd Fragen stellt, warum er so missmutig aus der Wäsche schaut.

Oder den Arzt, den alle Patienten für sehr kompetent halten und als Vollblut-Mediziner betiteln. Vielleicht macht er den Job nur, weil sein Großvater und sein Vater die Praxis schon betrieben haben? Vielleicht wäre er lieber Schreiner, Politiker oder Verkäufer geworden?

Bevor wir uns der Authentizität der anderen widmen, sollten wir bei uns selbst anfangen. Es ist sinnvoll, regelmäßig sein Selbstbild mit dem Fremdbild abzugleichen. Sich zu fragen: Wie wirke ich auf andere, was erwartet mein Umfeld, wie ist meine Rolle von außen definiert? Jetzt könnte der eine oder andere selbstbewusste Leser anmerken: Was scheren mich die anderen, wenn ich doch authentisch sein soll. Berechtigte Frage mit einer klaren Antwort. Um dauerhaften Verkaufserfolg zu erzielen, ist es auch wichtig zu wissen, was meine Worte und Taten beim Gegenüber auslösen können und wie ich mich und meine Art zu kommunizieren auf den Kunden einstelle (vgl. hierzu Kapitel 4, Anpassungsfähigkeit).

Auf Seite 13/14 haben Sie einige Aussagen bewertet, die das Ziel hatten, Ihre persönliche Einstellung zum Verkaufen im Allgemeinen zu reflektieren. Gehen Sie einen Schritt weiter in Ihren Überlegungen: Welche Erwartungen, die Sie an einen guten Verkäufer haben, passen zu Ihnen und Ihrer Persönlichkeit? Wenn Sie zum Beispiel die Frage nach der Kleidung (immer mit Anzug und Krawatte zum Kunden) mit einer „10" bewertet haben, prüfen Sie, ob Sie diese Erwartung immer erfüllen, und vor allem, ob das zu Ihnen passt. Wenn Sie die Behauptung „ein guter Verkäufer kann alles verkaufen" sehr hoch bewertet haben: Erfüllen Sie diesen Punkt auch selbst? Muss ein guter Verkäufer wirklich alles verkaufen können? Würde das zu Ihnen passen? Was denken Ihre Kunden, was wichtig ist? Kommen Sie bei Ihren Kunden so an, wie Sie vermuten?

Bei einer Praxisübung in einem meiner Trainings stand einmal ein sehr kräftiger und großer Verkäufer einer eher kleinen, zierlichen jungen Dame gegenüber und übte sich im Verkauf. Er trat sehr nahe vor die imaginäre Kundin, wodurch er noch größer und beeindruckender wirkte. Die Tatsache, dass er zudem ziemlich laut und viel sprach, ließ ihn schon fast bedrohlich erscheinen, denn die junge Dame zog sich Zentimeter für Zentimeter zurück, bis sie fast mit dem Rücken an der Wand stand. Am Ende dieses Gesprächs fragte ich zunächst ihn, wie er sein Vorgehen selbst fand. Er sagte, dass er das Gefühl habe, gut auf die Kundin eingegangen zu sein, und dass seine Körpersprache auch in Ordnung, weil offen und zugewandt gewesen sei. Als ich dann seine Kundin zu Wort kommen ließ, war er sehr erstaunt, dass sie sich tatsächlich durch seine „enorme körperliche Präsenz" und seine laute Stimme bedroht und eingeengt fühlte, weshalb sie immer weiter den Rückzug angetreten hatte.

Solch eine große Diskrepanz zwischen dem, was andere über uns denken, und dem, was wir glauben, wie wir ankommen, gibt es sehr häufig. Dann kommt es meistens zu verwunderten Aussagen, die ich „Ich wusste gar nicht, dass"-Sätze nenne:

Ich wusste gar nicht, dass …

Ich wusste gar nicht, dass …
- ◼ *… ich so selbstbewusst wirke.*
- ◼ *… man mir meinen Ärger immer ansieht.*
- ◼ *… man mir meine Nervosität nicht ansieht.*
- ◼ *… meine Witze lustig sind.*
- ◼ *… euch das interessiert, was ich zu sagen habe.*
- ◼ *… ich immer so laut / leise spreche.*
- ◼ *… ich meine Kunden überfordern kann mit meiner dynamischen Art.*

Finden Sie sich in einer der Aussagen wieder? Kommt Ihnen das bekannt vor? Ich glaube, jeder von uns hat solch eine Situation schon einmal erlebt. Entweder waren wir nicht sonderlich begeistert, was wir da zu hören bekamen, oder wir haben uns gefreut, dass man uns beispielsweise unser Selbstbewusstsein abnimmt.

Ein guter Verkäufer weiß um seine Wirkung.

Welche Möglichkeiten es gibt, uns und unsere Wirkung auf die Umwelt besser einzuschätzen, erfahren Sie auf den nächsten Seiten.

Sind Persönlichkeitstests ein Verkaufsturbo?

Ein hervorragendes Instrument, um sich und seine Umwelt besser zu verstehen, ist eine sogenannte Persönlichkeitsprofilanalyse, sehr häufig auch Persönlichkeitstest genannt. Vorab: Diese Analysen sind definitiv keine Tests, denn das würde voraussetzen, dass ein bestimmtes Verhalten entweder gut oder schlecht, richtig oder falsch ist. Dem ist nicht so: Es hängt von der jeweiligen Situation oder vom Zusammenhang ab, ob eine Eigenschaft förderlich oder hinderlich ist.

Eigenschaften bei sich und bei anderen erkennen

Die meisten dieser Methoden gehen auf den Psychoanalytiker Carl Gustav Jung zurück, der ein Kollege und guter Bekannter von Siegmund Freud war. Ausgehend davon, dass wir sämtliche Eigenschaften in uns tragen, aber in verschiedensten Ausprägungen ausleben, wird in diesen Analysen zum Beispiel unterschieden in Extra- und Introvertiertheit, Personen- und Sachbezogenheit oder in Rationalität und Emotionalität. Sie erfahren anhand vieler Fragen, welche Eigenschaften Sie vornehmlich auszeichnen und was diese zu Ihrer Außenwirkung beitragen. Im nächsten Schritt erarbeiten Sie sich, wie Sie sich dahingehend entwickeln können, dass Sie Ihrem jeweiligen Lebensziel näherkommen. Ebenfalls wird deutlich, wie Ihr Gegenüber „tickt". Sie bekommen Informationen darüber, woran Sie etwa dominante Menschen erkennen und wie Sie mit diesen Menschen umgehen.

Es kann sein, dass Ihnen das Ergebnis dieser Auswertungen gefällt, vielleicht sind Sie damit jedoch nicht zufrieden sind, weil Sie sich selbst anders einschätzen und Ihnen noch niemand gesagt hat, dass Sie so wirken, wie es diese Analyse behauptet. Das Ergebnis kann stimmen, muss es aber nicht, ist allerdings in den wenigsten Fällen wirklich falsch: Die Fragen, die Sie dort beantworten, beruhen einerseits auf Ihrer Meinung über sich und andererseits fließt dort alles ein, was Sie jemals über sich gehört oder gelesen haben. Auch hier spielt sich vieles im Unterbewusstsein ab.

Nehmen Sie das an, was Ihrer Meinung nach zu Ihnen passt, haben Sie Mut zur Entwicklung Ihrer eigenen Persönlichkeit und vor allem: Lassen Sie sich diese Profilanalyse nur in professioneller Begleitung erstellen.

Eine Persönlichkeitsprofilanalyse kann ein sinnvolles und hilfreiches Instrument zunächst einmal für Sie selbst sein. Im Literaturverzeichnis finden Sie eine Aufstellung einiger Analyse-Tools zur weiteren Vertiefung.

Eine Profilanalyse bietet lediglich Hilfestellung

Um die Eingangsfrage in der Überschrift zu beantworten: Nein, ein Persönlichkeitstest ist kein „Verkaufsturbo", er kann nur eine Unterstützung Ihrer Bemühungen um Kunden, Umsatz und Gewinn sein. Im Internet finden Sie hin und wieder Sätze wie diese: „… hilft dem Verkaufsprofi, Kunden zu kategorisieren, um so ihre emotionalen Erwartungen zu ergründen und dann gezielt Verkäufe auszulösen." Ich stelle mir das so vor: Ich erkenne, dass jemand rational denkt und handelt, gebe ihm demnach nur sachliche Informationen, und sofort habe ich den Auftrag. Nach obiger Definition habe ich den Kunden kategorisiert, seiner Erwartung nach sachlicher Information entsprochen und ihn damit ganz leicht zum Kauf geleitet. Ganz so einfach ist es nicht, es gibt ein paar Stolperfallen: Was passiert, wenn wir uns in der sogenannten Kategorie verschätzt haben? Was passiert, wenn sich die Situation im Verlauf des Gesprächs geändert hat und der Kunde urplötzlich „ganz anders drauf" ist? Was passiert, wenn wir Schwierigkeiten haben, das Verhaltensmuster des Kunden zu erkennen? Nach dem Motto: „Moment, lieber Kunde, ich kann noch nicht argumentieren, ich weiß nicht, ob Sie dominant, initiativ, stetig oder gewissenhaft sind …"

Wenn alles so einfach wäre, müsste jeder ehrgeizige Verkäufer nur noch eine Persönlichkeitsprofilanalyse von sich erstellen, seinen kompletten Kundenstamm im Geiste ebenfalls analysieren und dann lediglich warten, bis die Aufträge automatisch kommen. Es besteht immer die Gefahr, dass man sich zu sehr auf das Einschätzen, das Rastern des Kunden konzentriert und dabei nicht mehr

Vorsicht vor Schubladendenken

authentisch wirkt im Bemühen, seine emotionalen oder rationalen Erwartungen zu erfüllen. Zudem sollten wir uns vom Schubladendenken freimachen: Sehr schnell haben wir einen Menschen in eine solche gesteckt und aus dieser Schublade lassen wir ihn so schnell nicht mehr heraus. Lassen Sie lieber Ihren gesunden Menschenverstand walten und vertrauen Sie ruhig Ihrer Intuition, denn diese beruht auf Ihren Erfahrungen.

Zur Unterstützung Ihrer eigenen Persönlichkeitsentwicklung und als Anreiz, sich überhaupt mit den verschiedensten Ausprägungen menschlichen Verhaltens zu beschäftigen und sich darauf einzustellen, sind Persönlichkeitsanalysen ein empfehlenswertes Werkzeug.

Wie Sie herausfinden, wie Sie wirken

Vertraute Menschen fragen

Im Sinne des emotionalen Verkaufens bietet sich allerdings eine weit wirksamere und mehr Vertrauen aufbauende Variante an, seine eigene Erscheinung zu hinterfragen, als offizielle Persönlichkeitstests: Fragen Sie Ihren besten Freund / Ihre beste Freundin oder andere Menschen Ihres Vertrauens, was Ihre Stärken sind, wo Sie vielleicht noch „Luft nach oben" haben, wie Sie auf diese Person wirken. Oder warum fragen Sie nicht gleich Ihren Lieblingskunden? Wenn Sie einen geeigneten Moment abpassen, werden Sie einiges Wichtige zu hören bekommen, was Ihnen wirklich weiterhilft, um erfolgreich zu verkaufen.

Diese Erkenntnisse und Informationen vergleichen Sie dann mit dem Bild, das Sie von sich selbst haben. Genießen Sie die positiven Dinge, fühlen Sie sich gerne in Ihrer Art bestätigt und nehmen Sie Hinweise auf weniger angenehme Wirkungen so weit an, wie es zu Ihnen passt. Weiter oben steht geschrieben: Haben Sie den Mut zur Entwicklung Ihrer Persönlichkeit. Das wiederhole ich hier bewusst. Niemand soll sich von heute auf morgen verändern oder um 180 Grad drehen, denn man kann aus einem heißblütigen Rennpferd kein ausdauerndes Langstreckenkamel machen. Allerdings ist es vollkommen in Ordnung, wenn das Pferd hin und wieder ein bisschen langsamer läuft. Es tut uns allen gut, wenn wir in regelmäßigen Abständen an unseren Stellschrauben drehen, um unser Verhalten zu verbessern. Es geht wie gesagt nicht um Richtig oder Falsch; es geht darum, dass Sie im Verkauf wissen und auch spüren, wie Sie bei Ihren Kunden ankommen, und ein Werkzeug haben, damit umzugehen.

Aber das ist schon ein Vorgriff auf die Themen „Achtsamkeit" und „Anpassungsfähigkeit" in den kommenden beiden Kapiteln. Wir befassen uns gerade noch mit uns selbst und der Frage: „Was können wir genau erkunden, um uns ein Feedback einzuholen?" Mein Kollege und Experte für Präsentation Michael Moesslang hat in seinem Buch „*Professionelle Authentizität – Warum ein Juwel glänzt und Kiesel grau sind*" (siehe dazu auch die Literaturtipps am Ende des Buchs) eine aufschlussreiche Checkliste veröffentlicht, die zum Ziel hat, „*einen Vergleich Ihrer eigenen Wahrnehmung (Selbstbild) und Ihrer Wirkung auf andere (Fremdbild) zu bekommen*". Ich habe die Anleitung für diese Checkliste wörtlich übernommen und die Liste auszugsweise an Ihre Bedürfnisse als Verkäufer angepasst. Machen Sie diese kleine Übung: Neben dem Nutzen, den Sie für Ihren Verkauf erzielen können, indem Sie sich und andere besser verstehen lernen, kann es auch richtig Spaß machen!

Die nachfolgende Liste dient Ihnen als Kopiervorlage. Bitte erstellen Sie mehrere Kopien, um zunächst eine selbst auszufüllen und dann etwa fünf Bekannte ein Feedback geben zu lassen. Seien Sie dabei ehrlich zu sich selbst und kreuzen Sie Ihr tatsächliches Selbstbild an, nicht das, das Sie gerne hätten.
Haben Sie den Mut, einen oder zwei Ihrer besten und liebsten Kunden zu befragen; das führt häufig zu ganz neuen Ansätzen für Ihr Geschäft. Und, wie Michael Moesslang in abgewandelter Form schreibt: Gehen Sie wie ein guter Mittelstürmer im Fußball ruhig einmal dahin, wo es wehtut. Sprich: Holen Sie sich Feedback von Menschen ein, die nicht per se wohlwollend sind, die Ihnen etwas kritischer gegenüberstehen. Darin, in diesen speziellen Rückmeldungen, liegt die wirkliche Entwicklung.

Bitte bewerten Sie folgende Aussagen auf einer Skala von 0 (= trifft gar nicht zu) bis 10 (= trifft auf jeden Fall zu):

Eigenschaften	0	1	2	3	4	5	6	7	8	9	10
Ehrlich?	☐	☐	☐	☐	☐	☐	☐	☐	☐	☐	☐
Offen?	☐	☐	☐	☐	☐	☐	☐	☐	☐	☐	☐
Dynamisch?	☐	☐	☐	☐	☐	☐	☐	☐	☐	☐	☐
Lebhaft?	☐	☐	☐	☐	☐	☐	☐	☐	☐	☐	☐
Ungeduldig?	☐	☐	☐	☐	☐	☐	☐	☐	☐	☐	☐
Bodenständig?	☐	☐	☐	☐	☐	☐	☐	☐	☐	☐	☐
Fantasievoll?	☐	☐	☐	☐	☐	☐	☐	☐	☐	☐	☐
Gebildet?	☐	☐	☐	☐	☐	☐	☐	☐	☐	☐	☐
Ehrgeizig?	☐	☐	☐	☐	☐	☐	☐	☐	☐	☐	☐
Zuverlässig?	☐	☐	☐	☐	☐	☐	☐	☐	☐	☐	☐
Kommunikativ?	☐	☐	☐	☐	☐	☐	☐	☐	☐	☐	☐
Temperamentvoll?	☐	☐	☐	☐	☐	☐	☐	☐	☐	☐	☐
Mutig?	☐	☐	☐	☐	☐	☐	☐	☐	☐	☐	☐
Zielorientiert?	☐	☐	☐	☐	☐	☐	☐	☐	☐	☐	☐
Fair?	☐	☐	☐	☐	☐	☐	☐	☐	☐	☐	☐
…	☐	☐	☐	☐	☐	☐	☐	☐	☐	☐	☐
…	☐	☐	☐	☐	☐	☐	☐	☐	☐	☐	☐
…	☐	☐	☐	☐	☐	☐	☐	☐	☐	☐	☐

Im Umgang mit Mitmenschen	0	1	2	3	4	5	6	7	8	9	10
Einfühlsam?	☐	☐	☐	☐	☐	☐	☐	☐	☐	☐	☐
Höflich?	☐	☐	☐	☐	☐	☐	☐	☐	☐	☐	☐
Vertrauensvoll?	☐	☐	☐	☐	☐	☐	☐	☐	☐	☐	☐

Bescheiden? ☐☐☐☐☐☐☐☐☐☐☐

Selbstsicher? ☐☐☐☐☐☐☐☐☐☐☐

Optimistisch? ☐☐☐☐☐☐☐☐☐☐☐

Kompetent? ☐☐☐☐☐☐☐☐☐☐☐

Dominant? ☐☐☐☐☐☐☐☐☐☐☐

Zurückhaltend? ☐☐☐☐☐☐☐☐☐☐☐

… ☐☐☐☐☐☐☐☐☐☐☐

… ☐☐☐☐☐☐☐☐☐☐☐

… ☐☐☐☐☐☐☐☐☐☐☐

Thema Sprache und Sprechen 0 1 2 3 4 5 6 7 8 9 10

Angenehme Stimme? ☐☐☐☐☐☐☐☐☐☐☐

Angenehme Lautstärke? ☐☐☐☐☐☐☐☐☐☐☐

Vielredner? ☐☐☐☐☐☐☐☐☐☐☐

Angenehmes Sprechtempo? ☐☐☐☐☐☐☐☐☐☐☐

Gute Wortwahl? ☐☐☐☐☐☐☐☐☐☐☐

Spannende Erzählweise? ☐☐☐☐☐☐☐☐☐☐☐

Überzeugend? ☐☐☐☐☐☐☐☐☐☐☐

Verhandelt gut? ☐☐☐☐☐☐☐☐☐☐☐

Kann gut mit Konflikten umgehen? ☐☐☐☐☐☐☐☐☐☐☐

… ☐☐☐☐☐☐☐☐☐☐☐

… ☐☐☐☐☐☐☐☐☐☐☐

… ☐☐☐☐☐☐☐☐☐☐☐

Sie können Ihren Partnern alle Fragen stellen, einige streichen oder die Liste mit weiteren Aspekten ergänzen, die Sie gerne über sich wissen möchten.

Wie oben schon beschrieben: Nehmen Sie an, was zu Ihnen passt und womit Sie sich wohlfühlen. Das Feedback aus Ihrer Umgebung ist sehr wertvoll (ein kleines Dankeschön würde Ihr Umfeld bestimmt freuen) und es lohnt immer, einmal in Ruhe darüber nachzudenken – vor allem, wenn andere etwas anders sehen, als Sie es tun. Nehmen Sie es bitte nicht zu persönlich: Es ist die Meinung eines Einzelnen und muss nicht immer eine Tatsache sein.

Hier kommen ein paar Fragen, die Sie im Anschluss an die obige Übung auf dem Weg der Selbstreflexion unterstützen können:

Was werde ich auf jeden Fall beibehalten?

_____

Was werde ich ändern oder verbessern?

_____

Wer kann mich bei diesem Prozess unterstützen?

_____

Woran merke ich, dass sich etwas verändert hat?

_____

Wer gelernt hat, sich selbst zu verstehen, kann sich auch in sein Umfeld besser hineinversetzen.

Woran Sie festmachen, ob jemand authentisch ist

Kongruenz lässt sich erkennen

„Man kann den Menschen nur vor den Kopf gucken." Und das ist ja auch gut so: Wie anstrengend und manchmal auch peinlich wäre es, wenn jeder die Gedanken des anderen lesen oder hören könnte. Sie haben jedoch die Möglichkeit, wenigstens tendenziell heraus-

zufinden, ob jemand zum Beispiel die Wahrheit spricht oder sich in seiner Haut wohlfühlt, indem Sie auf das schauen, was außerhalb des Kundenkopfes passiert. Was lässt einen Menschen in Ihren Augen ehrlich wirken, wenn Sie sich noch nicht gut kennen? Woran machen Sie fest, dass Sie ihm vertrauen können? Wie oben erwähnt, kommt es auf die sogenannte Kongruenz an, die Übereinstimmung von Fühlen, Denken und Handeln. Diese erkennen Sie unter anderem daran, dass das gesprochene Wort mit der Körpersprache, der Mimik und der Gestik harmoniert.

Schauen Sie sich folgende Fallbeispiele an und lassen Sie Ihr Gefühl sprechen: Sind diese Menschen authentisch oder nicht?

Am Ende des vorerst ergebnislosen Gesprächs begleitet Ihr Kunde Sie zu seiner Bürotür, gibt Ihnen die Hand zum Abschied und sagt: „Ich melde mich dann", während er Sie mit seiner Hand sprichwörtlich aus dem Raum herauszieht.

Wird er sich Ihrer Meinung nach melden und Ihnen den Auftrag erteilen?

Nachdem Sie Ihrem Kunden den Preis für eine Maschine genannt haben, spricht er die allseits bekannten Worte: „Ihr Wettbewerb liegt aber deutlich darunter!", schaut Sie dabei aber nicht an und nestelt an seiner Armbanduhr herum.

Liegen Sie mit Ihrem Preis wirklich so falsch?

„Unsere Geschäftsführung hat uns das komplette Budget für sämtliche Maßnahmen dieser Art gestrichen. Da kann ich leider nichts machen …" Der Kunde schaut Sie dabei an, zieht die Schultern hoch und breitet mit offen sichtbaren Handflächen die Arme aus.

Eine glaubhafte Absage Ihrer Meinung nach?

Lösungsvorschläge Zu Beispiel 1: Da der Kunde kurz und knapp „Ich melde mich dann" sagt und Sie mehr oder weniger höflich aus seinem Büro geleitet, können Sie davon ausgehen, dass er nicht sehr begeistert ist und höchstwahrscheinlich nicht bei Ihnen anruft, um Ihnen den Auftrag zu erteilen. Allerdings haben wir alle ja schon einmal die Pferde vor der Apotheke ... Ernsthaft: Es besteht hier ebenso die Möglichkeit, dass er einfach keine Zeit mehr für Sie hat und ein weiterer Termin oder eine andere wichtige Arbeit drängt. Hier heißt es, wachsam sein und dem Kunden eine angemessene Zeit zur Bearbeitung geben, um gegebenenfalls nachzuhaken.

Zu Beispiel 2: Das vermeintlich nervöse Nesteln an der Armbanduhr und die Tatsache, dass Ihr Kunde Sie nicht anschaut, als er vom viel besseren Wettbewerbsangebot spricht, kann darauf hindeuten, dass er Sie preislich aus der Reserve locken will; die unwahrscheinlichere Möglichkeit ist hierbei, dass er die Wahrheit spricht. Was tun? Stellen Sie Ihrem Kunden Fragen, wie zum Beispiel „Was genau bietet denn der Wettbewerb an?" (welche Ausführung, Variante usw.) oder „Wer ist denn noch im Rennen?". (Achten Sie hierbei bitte auf die Art und Weise, wie Ihr Kunde den Namen des Mitstreiters nennt: im wahrsten Sinne des Wortes „zu" schnell oder glaubhaft, in der Tonlage und im selben Sprechtempo wie seine vorherigen Sätze?) Wenn Sie zu der Einsicht gelangen, es gebe wirklich einen besseren Angebotspreis, dann ist alles in Ordnung: Erfragen Sie, wie sonst auch, die Art des Angebots (Stückzahl, Qualität usw.) und versuchen Sie zunächst, von der Preisschiene wieder wegzukommen („Was ist Ihnen denn sonst noch wichtig?"). Wenn Sie Ihren Kunden offensichtlich beim Schummeln erwischt haben, halten Sie es so wie die Japaner: In deren Geschäftskultur ist nichts wichtiger, als das Gesicht zu wahren. Ein Satz wie „Ha, jetzt hab ich Sie erwischt, Sie haben gar kein anderes Angebot vorliegen!" ist natürlich tabu.

Zu Beispiel 3: Wenn dieser Mensch Sie anlügen sollte, hat er fast schon einen Oskar verdient, so glaubhaft und kongruent ist das, was er sagt und nach außen hin darstellt. In 99 Prozent der Fälle ist es einfach nur schade, dass Sie den Auftrag nicht bekommen, aber auf der Beziehungsebene ist alles in Ordnung für zukünftige Geschäfte. Zumal, wenn Sie in diesem Moment trotz Ihrer berechtigten Enttäuschung die Größe haben und dem Kunden Ihr Verständnis ausdrücken, dass es auch für ihn nicht befriedigend sein kann. Wenn Sie ihm das glaubhaft versichern, haben Sie Bonuspunkte für die Zukunft gesammelt.

Es gibt natürlich „verräterischere" Körpersprache (vgl. hierzu Kapitel 3), es gibt wie in den gerade dargestellten Beispielen Widersprüche zwischen dem gesprochenen und dem nicht gesprochenen Wort; trotzdem existiert kein Bauplan für unser Gehirn (auf jeden Fall ist er noch lange nicht komplett) und keine zu 100 Prozent richtige Reaktion auf das Verhalten unserer Kunden. Wenn Sie also solche Signale wahrnehmen, nehmen Sie dies als Anreiz, noch achtsamer im Umgang mit Ihrem aktuellen Gesprächspartner zu sein, ohne dabei Ihre eigene Authentizität zu vergessen.

Verlassen Sie sich öfter einmal auf Ihr Bauchgefühl.

Das Wichtigste in 7 Schritten

1. Authentizität bedeutet echt, ungekünstelt und glaubwürdig zu wirken.
2. Vergleichen Sie regelmäßig Ihr Selbstbild mit Ihrer Außenwirkung.
3. Ein guter Verkäufer weiß um seine Wirkung.
4. Persönlichkeitstests können Sie dabei unterstützen, sich selbst und andere besser zu verstehen.
5. Haben Sie Mut zur persönlichen Entwicklung und stehen Sie trotzdem zu sich selbst, Ihrer ureigenen Art.
6. Vorsicht vor „Interpretations-Schubladen".
7. Wenn Ihr Bauchgefühl etwas meldet, achten Sie darauf, nehmen Sie es ernst.

3. Achtsamkeit: Was sagt Ihnen Ihr Kunde gerade genau?

Sind Sie im Urlaub schon nachts aufgestanden, weil Sie zur Toilette mussten, und haben aus Rücksicht auf Ihren Partner das Licht ausgelassen? Sind Sie dann durch das stockdunkle Zimmer getapert und haben sich an den Wänden entlanggehangelt? Wo stand noch mal der Koffer, autsch, die Bettkante … Zu Hause in den eigenen vier Wänden würden Sie sich einigermaßen zurechtfinden, aber in diesem für Sie fremden Raum wird es ungleich schwieriger, wenn Sie so gut wie nichts sehen können. Hier sollten Sie deutlich achtsamer und vorsichtiger sein.

Ähnliches passiert, wenn Sie einem Kunden zum ersten Mal begegnen: Auch mit ihm kennen Sie sich nicht aus, auch hier wissen Sie nicht, wo sich eventuelle Stolperfallen befinden. Häufig scheitert ein Geschäftsabschluss daran, dass ein Verkäufer nicht merkt, dass den Kunden gerade irgendetwas anderes beschäftigt als das, was der andere sagt. Und plötzlich wird aus dem vermeintlich guten Gespräch ein zähes Ringen um den Auftrag. Also: Seien Sie bitte nicht nur authentisch, sondern auch achtsam.

Auf Hinweise achten
Achten Sie auf die sprachlichen und körpersprachlichen Signale, die Ihnen Ihr Kunde gibt. Was sagt er Ihnen gerade? Was sagt er Ihnen zwischen den Zeilen? Was bewirkt das, was Sie ihm erzählen, bei ihm? Ist seine Körperhaltung offen und Ihnen zugewandt oder eher verschlossen und von Ihnen wegweisend? Das kann (muss aber nicht zwingend) ein Signal für Ablehnung sein oder ein Zeichen dafür, dass er in Ruhe über Ihre Argumente nachdenken muss. Lächelt er weiterhin oder schaut er auf einmal sehr ernst? Achten Sie ebenso auf sein Sprechtempo (schnell oder eher langsam und bedächtig), auf seine Wortwahl (gehobener Wortschatz oder

einfache Formulierungen) und seine Art und Weise, mit Ihnen umzugehen: Ist er ein lockerer, humorvoller Typ oder sachlich und ernst?

Dem einen wird es leichtfallen, auf all diese Zeichen zu achten, dem anderen fällt es eher schwer.

Gehen Sie 20 Minuten im Wald spazieren und seien Sie achtsam: Nehmen Sie bewusst die Bäume wahr (Wie sehen sie genau aus?), den Weg, die Menschen, denen Sie begegnen, die Geräusche, die Sie hören. Sie werden merken, wie anstrengend das ist, weil wir es nicht gewohnt sind, uns über einen langen Zeitraum auf unsere Umwelt zu konzentrieren. Wenn Sie wieder zu Hause sind, notieren Sie all die Dinge, die Sie wahrgenommen haben, und lassen sich überraschen, wie gehaltvoll solch ein kleiner Spaziergang sein kann.

Trainieren Sie auf diese Weise Ihre Achtsamkeit, damit Sie sich im Kundengespräch nicht so anstrengen müssen, die Regungen Ihres Gesprächspartners mitzubekommen. Auch hier ist es sinnvoll, sich nach einem Treffen die eine oder andere Notiz zu machen. Halten Sie nicht nur fest, was der Partner gesagt hat, sondern auch, wie er etwas gesagt hat. Ein zusätzlicher Nutzen bei dieser Methode ist, dass Sie sofort überblicken, welche Informationen Ihnen noch fehlen, um ein passendes Angebot abzugeben.

Stellen Sie Fragen

Stellen Sie sich vor, Sie arbeiten in einem Schraubengroßhandel, und ein Kunde ruft Sie an und will Schrauben bestellen. Wird er Ihnen sofort mitteilen, dass er gewindeformende Schrauben M6 für Leichtmetalle braucht, und zwar 50.000 Stück, und dass er Ihre Lieferzeiten akzeptiert, komme, was wolle? Nein, eher nicht, einige Informationen werden fehlen, um ihm ein Angebot zu unterbreiten oder eine fehlerfreie Lieferung zu gewährleisten.

Haben Sie schon einmal ein Smartphone verkauft, ohne Fragen zu stellen? Oder ein Auto? Oder eine Kompostieranlage? Hier leuchtet es jedem sofort ein, dass man als Verkäufer Fragen stellen muss, um dem Kunden das richtige Angebot zu unterbreiten oder ihm direkt das passende Produkt zu verkaufen. Nur leider werden in der Praxis viel zu wenig Fragen gestellt.

- Fragen sind wichtig, um zum Beispiel Maschinen fehlerfrei auszuliefern.
- Fragen sind wichtig, um etwa das passende Kleid zum richtigen Anlass zu verkaufen.

Fragen sind wichtig, um zu verstehen, wie der Kunde tickt, was ihn antreibt, welche Bedürfnisse er *wirklich* befriedigen will.

Fragen helfen, Reklamationen zu vermeiden

Darüber hinaus gibt es einen weiteren großen Nutzen, den Fragen für Sie haben: Etwa ein Drittel aller Reklamationen können Sie im Vorfeld vermeiden, wenn Sie eine ausführliche Bedarfsermittlung betreiben. Was das für Sie bedeutet, ist klar: Je mehr Sie durch Fragen über den Kunden und seine Wünsche herausfinden, umso weniger unangenehme Arbeit haben Sie hinterher, wenn es darum geht, die Reklamation anständig aus der Welt zu schaffen und den unzufriedenen Kunden zu weiteren Käufen bei Ihnen zu motivieren.

Was uns am Fragen hindert

Wenn uns allen der Sinn von Fragen an unsere Kunden bewusst ist, woher kommt es dann, dass viele Verkäufer so wenig fragen? Was ist der Grund, weshalb Verkäufer und Kunde so häufig aneinander vorbeireden und es nicht zum Geschäftsabschluss kommt, obwohl doch „eigentlich" alles klar war?

In der Mobilfunkbranche gibt es einen ganz bestimmten, sehr gefürchteten Kundentypen: den „Connect-Leser". Die „Connect" ist eine Zeitschrift, die sich „Europas größtes Magazin zur Telekommunikation" nennt. Dieser Kundentyp zeichnet sich dadurch aus, dass er –wohlwollend ausgedrückt – schon sehr viel Wissen über die Mobilfunkbranche und seine favorisierten Handys mitbringt. Negativ ausgedrückt: Er weiß alles besser, er will sein angelesenes Wissen nur noch bestätigt sehen. Dieser Kundentyp verleitet aus den verschiedensten Gründen die Verkäufer dazu, weniger zu fragen, als es nötig wäre. Teilweise, weil man denkt, er wisse sowieso schon alles; teilweise, weil man fürchtet, von ihm dabei „erwischt" zu werden, etwas nicht zu wissen oder eine seiner Fragen nicht wie aus der Pistole geschossen beantworten zu können (was bei der hohen Anzahl an verschiedenen Telefonen und den dazu passenden Tarifen kein Kunststück ist).

Hier ist die erste Stolperfalle versteckt: Viele Verkäufer glauben, dass der Kunde genau weiß, was er will und wozu er es braucht. Das ist sicherlich oft der Fall, trotzdem sollten Sie wenigstens zwei bis drei „Sicherheitsfragen" stellen. Denn ein von Ihnen nicht beratener Kunde wird zu Ihnen zurückkommen und Ihnen unter Umständen Vorwürfe machen. Wenn Sie Ihre Fragen zudem damit begründen, dass Sie sichergehen wollen, ihm das richtige Produkt / die richtige Dienstleistung zu verkaufen, schafft das Vertrauen.

Hinderungsgrund: der vermeintlich allwissende Kunde

....

Stellen Sie auch dann Fragen, wenn der Kunde vermeintlich genau weiß, was er will.

Ein weiterer Aspekt, der viele von uns davon abhält, Fragen zu stellen, ist die Befürchtung, dem Kunden „auf den Wecker zu gehen" mit all der Fragerei, weil er es bestimmt eilig hat, oder gar als neugierig zu gelten. Häufig werden körpersprachliche Signale wie der Blick des Kunden in eine andere Richtung als Ablehnung missverstanden: Es kann genauso gut ein Denkprozess sein, den Sie durch Ihre Frage angestoßen haben. Also, nur Mut, der Kunde ist spätestens im Nachhinein froh, dass Sie ihm diese Fragen gestellt haben, wenn er das für ihn passende Produkt in Händen hält oder in Betrieb nimmt. Und was das Thema Neugierde anbetrifft: Solange Sie Fragen stellen, die dem Wohle des Kunden dienen, ist doch alles im grünen Bereich.

Hinderungsgrund: die Angst, lästig zu fallen

Häufig wird auch deshalb auf ausgiebiges Fragen verzichtet, weil vermeintlich die Zeit fehlt, besonders im Einzelhandel, wenn sich die Kunden samstagmorgens nur so um die Verkäufer scharen. Oder auch im Außendienst, wenn der nächste Kollege schon hinter Ihnen steht und der Einkäufer ganz nervös auf die Uhr schaut (Vorsicht: Das könnte auch ein Trick sein, Sie zu vorschnellen Preisnachlässen zu verleiten). Die gute Nachricht ist:

Durch Fragen sparen Sie Zeit!

Wenn Sie zwei oder drei Fragen mehr stellen als gewöhnlich, werden Sie deutlich weniger argumentieren müssen, sei es über das Produkt an sich oder über den Preis. Denn Sie haben genau das Produkt, den Artikel, die Dienstleistung angeboten, die der Kunde braucht und im Optimalfall in dieser speziellen Form nur bei Ihnen bekommt. Dass Sie darüber hinaus auch deutlich weniger Ärger mit Reklamationen, Rücksendungen oder stornierten Aufträgen haben, versteht sich von selbst.

Zusammenfassend sei frei nach dem Prinzip „Sesamstraße" gesagt: „Wer nicht fragt, bleibt dumm."

Seien Sie neugierig!

Kinder fragen manchmal den ganzen Tag lang. Warum dies, warum das, woher kommt das, wann sind wir da, was heißt bald, was wenn doch? Sie tun dies, weil sie wissensdurstig und neugierig sind. Diese Eigenschaften, die uns als Erwachsene häufig abhandengekommen sind, sollten wir als Verkäufer unbedingt reanimieren. Mit der Zeit nämlich wird uns das Fragen abgewöhnt: „Frag nicht so viel" oder „Sei nicht so neugierig" sind häufige Antworten, wenn es den Erwachsenen zu viel der Fragerei wird. Dann werden unsere Fragen immer knapper und unser Wissensdurst, was andere Menschen in unserem Umfeld angeht, immer geringer. Zwar sind wir in unserem Inneren immer noch neugierig, wie unser Nachbar zum Beispiel schon wieder an ein neues und teures Auto kommt, wir fragen aber nicht.

Darüber hinaus haben viele Menschen so viel mit sich selbst zu tun, dass es ihnen entweder gleichgültig ist, was in ihrer Umgebung gerade passiert, oder sie aufgrund von Stress im Kopf keinen Platz für die Belange anderer haben. Das kann im Verkauf fatale Auswirkungen haben, was Umsätze, Gewinne und Geschäftsbeziehungen im Allgemeinen anbetrifft. Wer kein grundsätzliches Interesse an anderen Menschen hat, verliert Kunden. Oder positiv formuliert:

Ohne Neugierde kein Verkauf

Emotionale Kundenbindung braucht Neugierde.

Ohne unsere Neugierde, den Willen, mehr von unseren Kunden wissen zu wollen, können wir ihnen ihre wirklichen Wünsche nicht erfüllen, können wir ihre Emotionen nicht bedienen. Wir wissen viel zu wenig, als dass wir im Sinne des emotionalen Verkaufens erfolgreich sein könnten.

Wenn Sie das nächste Mal Lebensmittel für das Wochenende einkaufen, versuchen Sie einmal, bewusst nur solche Dinge zu erwerben, die Sie noch nie gekauft haben. Sie trinken normalerweise Weißwein? Wie wäre es stattdessen mit einem schönen Rosé? Sie kaufen immer Coca-Cola? Schon mal Pepsi probiert? Die seltsam aussehende Wurst wollten Sie schon immer mal probieren? Dann tun Sie es! Sie werden höchstwahrscheinlich feststellen, dass es alles andere als einfach ist, aus seinen gewohnten Bahnen auszubrechen, aber es macht riesigen Spaß, das verspreche ich Ihnen.

Ihre Lieblings-Chips dürfen Sie trotzdem kaufen, ich sag es niemandem weiter.

Was kann bei diesem Experiment im schlimmsten Fall passieren? Es kann sein, dass Sie sich in allem, was Sie bisher gekauft haben, bestätigt fühlen, weil Ihnen die neuen Produkte einfach nicht schmecken. Es kann sein, dass Sie fünf Euro ausgegeben haben, über

Neues auszuprobieren bringt Sie weiter

die Sie sich im Nachhinein ärgern. Auf jeden Fall aber haben Sie etwas Neues erfahren, Informationen bekommen, die Sie zukünftig nutzen können. Und genauso verhält es sich im Verkauf: Je mehr Sie fragen, desto mehr Informationen erhalten Sie. Auch wenn es bei einem Kunden nicht zum Auftrag führen sollte, so können und sollten Sie dieses Wissen beim nächsten Interessenten oder beim nächsten Besuch bei demselben Kunden anwenden, um zum Ziel zu gelangen.

Genießen Sie es, wieder einmal kindlich neugierig zu sein, löchern Sie Ihren Freundeskreis, Ihre Verwandten, Ihren Partner mit Fragen, wenn Sie etwas nicht verstehen. Es zeugt von Selbstbewusstsein und sympathischer Offenheit, wenn Sie sich und Ihrem Umfeld eingestehen, nicht alles zu wissen. Das war noch nicht einmal bei Albert Einstein der Fall. Vor allem aber trauen Sie sich, Ihren Kunden mehr Fragen zu stellen als bisher, dann müssen Sie sich nicht alles selbst erklären und haben wie oben erwähnt wesentlich weniger Arbeit mit Reklamationen.

Welche Frage zu welchem Zeitpunkt?

Es gibt im deutschsprachigen Raum Hunderte von Verkaufsbüchern, die das Thema Fragetechnik behandeln, deshalb besprechen wir hier die Definition der Hauptfragearten und deren sinnvollen Einsatz nur zusammenfassend. Viel wichtiger als das theoretische Wissen um zum Beispiel die „zirkulären Fragen" (eine indirekte Fragetechnik aus dem Coaching-Bereich, beispielsweise: „Was würden Ihre Kunden von unserem Produkt halten?") ist, dass Sie sich grundsätzlich für Ihren Kunden als Mensch interessieren und somit den Sinn des Fragens erfasst haben.

Um die Struktur in Verkaufsgesprächen nochmals zu verdeutlichen, finden Sie hier eine kurze Übersicht mit Praxisbeispielen:

Offene Fragen Die *offene Frage*, auch W-Frage oder Informationsfrage genannt, wird gestellt, um Informationen über den Kunden und seine Bedürfnisse zu erhalten. Sie wird W-Frage genannt, weil die Fragewörter meistens mit dem Buchstaben W beginnen: was, wer, welche, woher, wozu, wohin, inwiefern, wodurch, womit usw. Der dahinterstehende Sinn ist, so viele Informationen wie möglich zu bekommen und den Kunden zu öffnen, denn er kann bei normalem Einsatz der deutschen Sprache nicht bloß mit „Ja" oder „Nein" antworten. Diese Fragen helfen Ihnen auch, verschlossene und einsilbige Gesprächspartner ins Geschehen zu holen.

Bitte seien Sie etwas vorsichtig mit den Fragewörtern „wieso", „weshalb", „warum", auch wenn einige von Ihnen mit der Sesamstraße groß geworden sind: Hier besteht die Gefahr, dass der Kunde das Gefühl hat, sich für seine Entscheidungen in der Vergangenheit rechtfertigen zu müssen. Eine der größten Umsatzvermeidungsfragen ist nach wie vor: *„Warum haben Sie denn das XY-Produkt gekauft?"* Es kann sein, dass Sie eine sachliche Antwort mit einer sachlichen Begründung bekommen; es ist allerdings wahrscheinlich, dass Ihr Kunde sich in die Ecke gedrängt fühlt und den Antwortimpuls „darum" in sich verspürt. Da Sie ja Vertrauen schaffen wollen, formulieren Sie es etwas geschickter, etwas neutraler: *„Was hat denn dazu geführt, dass Sie sich damals für XY entschieden haben?"* Das sagt dasselbe aus, gibt dem Kunden aber das Gefühl, dass Sie sich wirklich kümmern, und drängt ihn nicht in die Ecke.

Diese Frageform ist deshalb so wichtig, weil Sie damit nicht nur den Kunden in den Mittelpunkt stellen und Informationen für ein passgenaues Angebot sammeln, sondern auch das Gespräch steuern.

Offene Fragen sind das Herzstück eines jeden Verkaufsgesprächs.

Hier einige Beispielfragen, die Sie Ihren Kunden bei der Bedarfsermittlung stellen können:

- *„Womit haben Sie bisher gearbeitet?"*
- *„Welche Marke hatten Sie bisher?"*
- *„Was ist Ihnen wichtig und was nicht?"*
- *„Was ist der Auslöser für Ihr Interesse?"*
- *„Was darf sich auf keinen Fall verändern?"*
- *„Für was genau brauchen Sie …?"*

Beispiele für W-Fragen

- *„Was kann/muss besser werden?"*
- *„Was haben Sie bisher erreicht und was nicht?"*
- *„Wo bzw. wie haben Sie sich bisher informiert?"*
- *„Was läuft bei Ihnen momentan am besten?"*
- *„Wie sehen Ihre Zukunftsplanungen aus?"*
- *„Welche neuen Produkte planen Sie?"*
- *„Wie zufrieden sind Sie mit unseren Lieferungen?"*
- *„Was wollen Sie in jedem Fall erreichen?"*
- *„Wohin wollen Sie sich weiterentwickeln?"*
- *„Wo liegen Ihre zukünftigen Schwerpunkte?"*
- *„Welches Budget steht Ihnen zur Verfügung?"*
- *„...?"*
- *„...?"*
- *„...?"*

Welche Fragen fallen Ihnen noch ein? Welche Fragen stellen Sie regelmäßig? Erweitern Sie hin und wieder Ihren Fragenkatalog, damit Sie einen größeren „Werkzeugkasten" haben.

Je offener Sie eine Frage gestellt haben, desto länger muss der Kunde nachdenken. Geben Sie ihm diese Zeit.

Alternativfragen   Nachdem Sie nun Ihre Informationen bekommen haben, bietet sich die nächste Frageform zur Gesprächssteuerung an, die *Alternativfrage*. Sie dient der Entscheidungsfindung und gibt zwei Antwortmöglichkeiten vor. Haben Sie in Ihrem Kundengespräch zum Beispiel herausgefunden, dass zwei Varianten Ihres Produkts infrage kommen, könnte Ihre Frage wie folgt lauten:

Beispiele
- *„Brauchen Sie die Schrauben mit oder ohne SB-Verpackung?"*
- *„Wollen Sie das rote oder lieber das blaue Hemd?"*
- *„Interessieren Sie sich für die Version mit WLAN oder die mit WLAN und UMTS?"*

Wie Sie sehen, gibt es hierbei nur zwei Antwortmöglichkeiten. Sollte der Kunde eine dritte Möglichkeit sehen, wird er Ihnen das schon mitteilen. Diese Fragen helfen auch unentschlossenen, eher gründlich nachdenkenden Kunden bei ihrer Entscheidung.

Dann, wenn wir wirklich wissen, was der Kunde will, kommt unsere Lieblingsfrage, die *geschlossene Frage*. Darauf kann der andere nur mit Ja oder Nein antworten, es soll also eine Entscheidung herbeigeführt werden.

Geschlossene Fragen

Beispiele

- *„Ist es das, was Sie meinen?"*
- *„Wollen Sie das rote Hemd?"*
- *„Interessieren Sie sich für die Version mit UMTS?"*
- *„Soll ich mich im Werk nach der genauen Lieferzeit erkundigen?"*
- Klassische Abschlussfrage: *„Wollen wir das so machen?"*

Warum das unsere Lieblingsfrageform ist? Beobachten Sie sich und auch andere Verkäufer einmal in einem Kundengespräch: Sehr häufig wird fast ausschließlich diese Frageform gewählt – auch schon am Anfang des Gesprächs, wenn noch gar nicht klar ist, was der Kunde wünscht. Ursache ist vermutlich das oben beschriebene „Frag-nicht-so-viel-Syndrom". Nur, mit dieser Art zu fragen müssen Sie noch viel mehr Fragen stellen als mit der offenen Form, weil Sie meistens nur knappe Antworten und damit sehr wenige Informationen bekommen.

Je mehr offene Fragen Sie stellen, desto weniger müssen Sie fragen.

Sie kommen deutlich früher an Ihr Ziel, dem Kunden das zu bieten und natürlich auch zu verkaufen, was wirklich zu ihm passt. Dass das Fragen erst der Anfang ist, erfahren Sie auf den nächsten Seiten.

Hören Sie aktiv hin

Wie fühlen Sie sich, wenn Ihnen als Kunde ein Verkäufer gegenübersitzt, der sich vollkommen auf Sie konzentriert? Jemand, der Ihnen erst Fragen stellt und dann auch noch richtig hinhört. Jemand, dem Sie am Blick und an seiner Körpersprache ansehen, dass er sich wirklich für Sie interessiert. Fühlen Sie sich dabei gut und verstanden? So geht es jedenfalls den meisten Kunden, die so etwas erfahren dürfen. Das Hinhören ist einer der ersten Schritte, das Vertrauen des Kunden zu gewinnen.

Für Sie als Verkäufer bedeutet Hinhören erhöhte Konzentration und den Willen, sich auf den Kunden als Menschen einzulassen.

Allerdings gibt es genügend prominente Beispiele, bei denen dieser Wille nicht sehr ausgeprägt ist. Wenn Sie sich bei den Talkshows im Fernsehen genau anschauen, wie dort gefragt und zugehört wird: Was fällt Ihnen dabei auf? Es gibt einige sehr gute Talkmaster(innen) und einige weniger gute, sicherlich. Aber hören die alle wirklich zu oder gar hin? Es sind nur wenige, die im Sinne des aktiven Hinhörens darauf achten, was der Talkgast genau sagt, und vor allem, wie er es meint. Da wird eine Frage von der Karte abgelesen und noch während der meist prominente Gast antwortet, schaut der Gastgeber dieser Sendung erneut auf die Karte, um die nächste Frage abzulesen. Spannend wird es dann, wenn einer der Gäste so selbstbewusst und aufmerksam ist, wie es einst Til Schweiger bei Thomas Gottschalk war, als er den Showmaster fragte: „Sag mal, hast du meinen Film überhaupt gesehen?" Eine peinliche Situation, die der erfahrene Gottschalk auf seine Art mit einer Portion Humor überstand.

Der Unterschied zwischen Ihnen als Verkäufer und Thomas Gottschalk besteht allerdings nicht nur darin, dass Sie sich in anderen Gehaltsdimensionen bewegen: Im Gegensatz zu Ihnen verliert Gottschalk keinen Kunden, höchstens kurzfristig etwas Ansehen. Wenn Sie nicht richtig hinhören, hat das ganz andere Folgen:

- Sie erhalten den Auftrag nicht, weil Sie sich mit dem Kunden nicht einigen können.
- Sie erhalten den Auftrag nicht, weil Sie die emotionalen Beweggründe des Kunden nicht in Erfahrung bringen.
- Sie verkaufen oder liefern dem Kunden etwas, das nicht ganz seinen Vorstellungen entspricht, und müssen dann eine Stornierung oder Reklamation hinnehmen.

Auch wenn Sie im Vorfeld die besten Fragen für die jeweilige Situation gestellt haben: Es ist alles umsonst gewesen, wenn Sie nicht zuhören und die richtigen Schlüsse aus dem Gesagten ziehen.

Zuhören ist gut, aktives Hinhören ist besser!

Wo liegt denn der Unterschied zwischen Zuhören und aktivem Hinhören? Einfach formuliert, ist Zuhören, zu hören, was jemand sagt, und Hinhören bedeutet zu erfassen, was und vor allem *wie* jemand etwas sagt, also zwischen den Zeilen zu lesen. Im Sinne des emotionalen Verkaufens bedeutet es, die wirklichen emotionalen Beweggründe und Wünsche seines Kunden aktiv herauszufiltern.

Wer hinhört, achtet auf das Wie des Gesprochenen

Wie funktioniert aktives Hinhören?
Aktives Hinhören funktioniert, indem Sie wach sind, präsent sind, eben achtsam sind. Manchmal regelt unser Adrenalinpegel das für uns (Adrenalin bewirkt unter anderem erhöhte Aufmerksamkeit), wenn wir beispielsweise vor einem wichtigen Termin aufgeregt sind, manchmal müssen wir selbst darauf achten.

Hier finden Sie Tipps, wie Sie die Wünsche Ihres Kunden wahrnehmen und sich für die vielen Fragen selbst belohnen können: Achten Sie darauf, dass Ihre Körpersprache offen ist, das heißt dem Kunden zugewandt: Die Hände sind sichtbar, die Arme hängen locker am Körper (nicht verschränken).

Aufmerksamkeitssignale senden

- Halten Sie Blickkontakt zu Ihrem Kunden, und zwar auf natürliche Weise (kennen Sie diese „Stierblick-Verkäufer"?).
- Lassen Sie den Kunden ausreden.

- Auch wenn es manchmal schwerfällt: Bleiben Sie konzentriert im Gespräch und lassen Sie sich nicht ablenken: Sie könnten etwas Wichtiges nicht mitbekommen.
- Bleiben Sie bei sogenannten Vielrednern geduldig: Durch geschicktes Zwischenfragen können Sie die Sache auf den Punkt bringen.
- Arbeiten Sie mit Zustimmungssignalen beziehungsweise -geräuschen wie zum Beispiel „Mhm". (Verehrte weibliche Leser, Sie kennen das doch bestimmt vom Telefonieren …) Das signalisiert dem Kunden – vor allem am Telefon, wenn er Sie nicht sehen kann –, dass Sie noch „bei der Sache" sind. Aber bitte setzen Sie diese Laute portioniert ein: Ein „Mhm" alle zwei Sekunden wirkt unglaubwürdig und verwirrt nur.
- Wiederholen Sie zwischendurch immer wieder das Gesagte mit eigenen Worten, damit Sie sicher sein können, dass der andere Sie versteht. Man nennt es auch „paraphrasieren".
- Wenn Sie etwas nicht richtig verstanden haben: Fragen Sie nach, stellen Sie Zwischenfragen.

Manchmal ist aktives Hinhören ziemlich einfach; nämlich dann, wenn Sie alleine mit Ihrem Kunden an einem Tisch sitzen und Zeit haben oder wenn im Einzelhandelsgeschäft gerade nicht viel los ist und Sie nicht darauf achten müssen, was die anderen Kunden wollen. Das ist die große Herausforderung: hinzuhören, obwohl das Geschäft schwarz vor Menschen ist, obwohl der nächste Termin drängt.

Wenn Sie im Einzelhandel arbeiten: Der aktuelle Kunde hat Vorfahrt. Daher geben Sie den wartenden Kunden per kurzem Blickkontakt ein Signal, dass Sie sie wahrgenommen haben, und wenden sich dann wieder Ihrem Kunden zu.
Wenn Sie im sogenannten Business-to-Business-Bereich arbeiten und Ihnen der nächste Termin schon im Nacken sitzt: Der aktuelle Kunde hat immer Vorrang.

Häufig passiert es leider, dass die Verkäufer sich entweder nur auf den Kunden konzentrieren und das Umfeld überhaupt nicht mehr wahrnehmen oder dass sie so abgelenkt sind, dass sie gar nicht mehr auf den aktuellen Kunden achten. Wenn die Unterredung nur noch vor sich hin dümpelt und alles Wichtige gesagt ist, können Sie natürlich auf den nächsten Termin hinweisen und das aktuelle Gespräch vertagen. Geht es allerdings genau jetzt „um die Wurst", naht also der Auftrag, wäre es töricht, das Gespräch abzubrechen oder wegen des kommenden Termins unruhig zu werden. Im Gegensatz zu den Außendienstlern der 1970er- und 1980er-Jahre haben Sie einen entscheidenden Vorteil: Es gibt Handys, mit denen Sie Ihre Verspätung ankündigen können, sodass Sie Ihren nächsten Kunden nicht umsonst warten lassen müssen. Ein schönes argentinisches Sprichwort sagt:

Der jetzige Kunde ist der wichtigste

....

„Wer redet, sät, und wer hört, erntet."

Was bewirkt aktives Hinhören beim Kunden?
Anders gefragt: Was bewirkt es bei Ihnen selbst, wenn man Ihnen wirklich zuhört, wenn Ihnen jemand gegenübersitzt, der aufmerksam auf Sie eingeht? Fühlen Sie sich dann nicht auch ernst genommen, wertgeschätzt und vielleicht sogar geschmeichelt? Ihren Kunden geht das genauso.

....

Aktives Hinhören ist keine Verkaufstechnik, sondern eine grundsätzliche Einstellung und eine Frage des Anstands.

Geben Sie Ihrem Gesprächspartner das Gefühl, dass es in diesem Moment nichts Wichtigeres gibt als sie oder ihn.

Aktives Hinhören …
- schafft Vertrauen und eine angenehm positive Atmosphäre,
- verhindert Widerstände und Missverständnisse,

Vorteile aktiven Hinhörens

- gibt dem Kunden Selbstvertrauen, denn eine ungeteilte Aufmerksamkeit bedeutet für ihn hohe Anerkennung,
- fördert Ihre Selbstdisziplin (wenn Sie sich voll und ganz auf den Kunden konzentrieren, müssen Sie sich und Ihre Gedanken im Griff haben),
- zeigt Ihr Interesse am Kunden und unterstützt Sie auf dem Weg zum Verkaufsabschluss durch besseres Verstehen der Kundenwünsche.

Sprachliche und körpersprachliche Signale erkennen

Wir können nie ganz sicher sein, dass wir einen anderen vollkommen verstehen. Deshalb müssen wir die Genauigkeit unseres Verstehens unbedingt überprüfen, um die Gefahr von Missverständnissen so gering wie möglich zu halten. Dafür braucht der Zuhörer nur die Worte des Kunden mit seinen eigenen Worten wiederzugeben (zu paraphrasieren), um zu verdeutlichen, was er verstanden hat. Entweder wird der Kunde diesen Eindruck dann bestätigen oder ihn korrigieren, sodass Sie immer auf dem gleichen Wissensstand sind. Halten Sie jedoch Maß: Wenn Sie jedes Wort, jeden Satz in eigenen Worten neu formulieren, käme das einem Echo gleich, was den Kunden sicherlich eher verwirren würde.

Üben Sie sich doch einmal darin und formulieren Sie die unten stehenden Sätze so um, wie Sie es in einem Gespräch auch tun würden. Zunächst ein Beispiel:

Kunde: Wir haben mit unseren Maschinen ein wirkliches Qualitätsproblem.

Zuhörer: Das heißt, der Ausschuss ist zu hoch?

Kunde: Wir haben gerade Zahlungsprobleme.

Zuhörer: _____

Kunde: Das ist unser stärkstes Jahr seit 2008.

Zuhörer: _____

Kunde: Wir stocken unser Personal um 5 Prozent auf.

Zuhörer: _____

Kunde: Die Wirtschaftslage lässt sich momentan schwer beurteilen.

Zuhörer: _____

Häufig allerdings gibt es Widersprüche zwischen dem gesprochenen Wort und der Körpersprache. Schauen Sie sich zunächst an, welche möglichen nonverbalen Aussagen hinter einigen verbalen Äußerungen stehen könnten.

Verbale Aussage	Mögliche nonverbale Aussage
Vielen Dank, mir geht es gut.	Ich fühle mich nicht wohl.
Ich schaue mir das Angebot morgen an.	Ich habe an diesem Angebot kein Interesse.
Bleiben Sie doch noch etwas.	Ich bin müde und nicht mehr aufnahmefähig.
Ich rufe Sie an.	Ich werde mich nicht melden.

Um solche oder ähnliche Aussagen wenigstens ansatzweise richtig zu deuten, hilft es Ihnen, auf die körperlichen Reaktionen Ihres Gegenübers zu achten. Jeder Gedanke und jeder Gesprächsinhalt verursacht Emotionen, die sich unmittelbar in körperlichen Reaktionen ausdrücken, zum Beispiel in

- Muskelanspannung,
- Handbewegungen,
- Vergrößerung oder Verkleinerung der Pupillen.

Dabei sind das Gesicht und die Hände am verräterischsten: Video-analysen verschiedener Unterhaltungen zwischen zwei Menschen ergaben, dass wir pro Minute circa 100 nonverbale Signale aussen-den (Mimik, Gestik usw.). Achten Sie also bitte vor allem auf die Mimik und die Gestik Ihres Kunden und erkennen Sie so seine Ablehnung oder auch seine Zustimmung, wobei Letztere ziemlich leicht zu erkennen ist:

Zustimmungs-signale

- Leichtes Kopfnicken,
- Blickkontakt,
- Zuwendung des gesamten Körpers und
- ein natürlich wirkendes Lächeln

lassen auf eine positive Grundstimmung schließen, auch wenn zu diesem Zeitpunkt der Auftrag noch nicht erteilt, der Kauf noch nicht getätigt ist. Diese Art der Zustimmung bezieht sich entweder auf Sie als Person oder auf die Sache, das Gesprächsthema.

Nähe signalisiert Sympathie

Am deutlichsten erkennen Sie die Zuneigung Ihres Gegenübers daran, dass er die Distanz zu Ihnen auch räumlich verringert, Ihnen also näherkommt (wie weit das geht, müssen Sie selbst entscheiden). Gegenteiliges Verhalten, wenn der Kunde zum Beispiel die Distanz vergrößert, seinen Körper von Ihnen abwendet oder den Oberkör-per weit zurücklehnt, kann auf eine ablehnende Haltung hinweisen. Es kann, muss aber nicht zwingend so sein. Nur, wenn er gleich mehrere ablehnende Zeichen sendet, müssen Sie sich mental darauf einstellen, dass Sie ihn heute wohl nicht mehr überzeugen werden, sondern noch Hindernisse zu überwinden haben. Was an dieser Stelle häufig hilft, ist (wieder einmal) eine Frage: *„Wie kann ich Sie denn von unserem Produkt überzeugen?"* Damit können Sie zudem eigenen Fehlinterpretationen vorbeugen: Ein Zurücklehnen des Kunden kann auch bedeuten, dass er sich einfach bequemer hinsetzen will.

Das Wichtigste in 7 Schritten

1. Fragen sind wichtig, um zu verstehen, wie der Kunde tickt, was ihn antreibt, welche Bedürfnisse er wirklich befriedigen will.
2. Durch Fragen sparen Sie Zeit.
3. Emotionale Kundenbindung braucht Neugierde.
4. Offene Fragen sind das Herzstück eines jeden Verkaufsgesprächs.
5. Zuhören ist gut, aktives Hinhören ist besser.
6. Versuchen Sie immer, richtig zu erfassen, was Ihr Gegenüber wirklich meint.
7. Aktives Hinhören ist keine Verkaufstechnik, sondern eine grundsätzliche Einstellung und eine Frage des Anstands.

4. Anpassungsfähigkeit: Gehen Sie flexibel auf den Kunden ein

Das dritte „A" des emotionalen Verkaufens ist die Anpassungsfähigkeit: Seien Sie nach wie vor authentisch und achtsam und gehen Sie flexibel auf den Kunden und die jeweilige Situation ein. Anpassungsfähigkeit heißt nicht, dem Kunden nach dem Mund zu reden oder zu allem „Ja und Amen" zu sagen. Es bedeutet einfach, die Gründe, warum der Gesprächspartner kauft, aufzunehmen und sich darauf einzustellen.

Im vorigen Kapitel ging es um die Achtsamkeit und darum, wie wir zum Beispiel die körpersprachlichen Signale des Kunden wahrnehmen können. Was machen wir nun mit diesen Informationen? Was können wir tun, wenn wir merken, dass der Kunde sich hin und wieder von uns abwendet oder die Arme verschränkt? Was, wenn er sich uns zuwendet?

Passen Sie sich körpersprachlich an

Beispiel: verschiedene Menschentypen

In einem Seminar standen sich bei einer Praxisübung zwei extrem unterschiedliche Teilnehmer gegenüber: Einer – der Verkäufer – war hochmotiviert, kraftvoll und begeisternd; der andere, der den Kunden spielen sollte, war sachlich, ruhig und auf Informationen bedacht. Er sprach eher leise und war ein zurückhaltender Mensch.
Glücklicherweise trennte diese beiden Herren ein Tisch. Denn der Verkäufer sprühte nur so vor Energie und Begeisterung über sein Tun, dass er – halb sitzend, halb über den Tisch gebeugt – dem Kunden immer mehr entgegenkam, sodass sein Gegenüber mit seinem Stuhl

immer weiter nach hinten rückte und anfing, leicht gegen die Wand zu kippen (Sie kennen das bestimmt noch aus Ihrer Schulzeit). Der Kunde fühlte sich geradezu verfolgt. Sie können sich denken, dass unser Verkäufer in dieser gestellten Szene nicht zum Auftrag gekommen ist. Zwar wirkte er authentisch (er war wirklich ein sehr munterer und begeisterungsfähiger Typ), zwar war er entgegen der Erwartung aller anderen Seminarteilnehmer auch achtsam, denn im Feedbackgespräch gab er an, die Rückwärtsbewegung seines Kunden bemerkt zu haben, aber er agierte nicht anpassend. Er versuchte, mit seiner ureigenen Art ans Ziel zu gelangen, ohne auch nur einen kleinen Schritt auf seinen Kunden zuzugehen.

Hier wäre ein wenig Zurückhaltung angebracht gewesen, ein wenig mehr Flexibilität. Mit ein bisschen weniger Lautstärke beispielsweise und mit einem etwas geringeren Energielevel hätte der Verkäufer mehr Erfolg gehabt. Wenn Sie feststellen, dass Ihr Kunde sich wie in diesem Beispiel immer weiter nach hinten neigt, „verfolgen" Sie ihn bitte nicht, sondern lehnen sich eher zurück, um ihm wieder etwas „Luft" zu verschaffen. So wichtig die Begeisterung für das Verkaufen ist, so achtsam sollten Sie sein, was diese hohe Energie mit Ihrem Kunden macht.

Das funktioniert übrigens auch anders herum: Ruhige Menschen strengt es sicherlich an, das hohe Energieniveau eines Kunden mitzugehen, aber ein wenig mehr Lebendigkeit hilft Ihnen auch hier, zum Ziel zu kommen.

Eine Stolperfalle gibt es hierbei: Ahmen Sie beispielsweise jede Bewegung Ihres Kunden förmlich nach, fällt das irgendwann auf und wirkt unglaubwürdig und gestellt – eben nicht authentisch. Wenn Sie, wie in Kapitel 3 dargestellt, bestimmte Körpersignale erkennen, dann nehmen Sie auf natürliche Weise eine ähnliche Haltung ein und nicht genau dieselbe. Sollte sich Ihr Kunde wie in der oben beschriebenen Praxisübung weit nach hinten lehnen, überprüfen Sie sich selbst, inwiefern Sie ihn vielleicht mit Ihrer Energie und Begeisterung nach hinten gedrückt haben, und lehnen sich dann auch etwas im Stuhl zurück, um ihm wieder Platz zum Atmen – sprich Denken – zu geben.

Achtung: Anpassen heißt nicht kopieren

Wenn Sie das Tempo des Kunden ansatzweise aufnehmen und sich körpersprachlich auf natürliche Art anpassen, ist es für ihn angenehmer und für Sie erfolgversprechender. Authentisch sein bedeutet nicht, stur in seinem Schema zu bleiben: Es gibt genügend Freiraum, um sich flexibel der jeweiligen Situation anzupassen.

Nehmen Sie auf natürliche Art und Weise eine ähnliche Körperhaltung wie Ihr Kunde ein.

Körpersignale wirken im Hintergrund
Die Körpersprache aus Mimik und Gestik ist das, was im Hintergrund eines Verkaufsgesprächs abläuft wie ein Virenschutzprogramm auf Ihrem PC: Sie bemerken es nur dann, wenn sich ein Virus eingeschlichen hat. Dann meldet es sich allerdings sehr deutlich; in unserem Fall durch Ablehnung und daraus resultierend mangelnden Verkaufserfolg.

Nutzen Sie die Sprache als Überzeugungshilfe

Das, was vordergründig wahrgenommen wird, wenn wir im Sinne des emotionalen Verkaufens von Anpassungsfähigkeit sprechen, ist natürlich die Sprache selbst: die Art und Weise, wie Sie reden, und auch der Inhalt, den Sie von sich geben. Wenn Sie sich der Meinung des Kunden so sehr anpassen, dass Sie sich selbst widersprechen, ist das sicherlich wenig zielführend. Sicher stehen die Bedürfnisse des Kunden im Mittelpunkt; allerdings darf es nicht so weit gehen, dass Sie Dinge versprechen, die Sie nicht halten können, nur um dem Kunden zu gefallen, oder dass Sie mit Ihrem Kunden immer einer Meinung sind. Allerdings: Wenn Ihr Gesprächspartner eine Digitalkamera kaufen will, dann beraten Sie ihn nicht auf Biegen und Brechen hinsichtlich einer teuren Spiegelreflexkamera, auch wenn diese Geräte noch so professionell sind. Akzeptieren Sie die Meinung des Kunden. Interessiert er sich für einen BMW aus der 3er-Reihe, dann versuchen Sie nicht, ihm standhaft einen 5er zu verkaufen. Natürlich ist es immer einen Versuch wert, ein teureres Modell anzusprechen, aber bitte mit Fingerspitzengefühl.

Inhaltliche Anpassung bedeutet, die Aussagen und die Ansichten des Kunden wertzuschätzen, ohne sich selbst zu widersprechen.

Wie schaut es mit der Sprache an sich aus? Sollten Verkäufer Ihrer Meinung nach immer reines Hochdeutsch sprechen? Sollten sie ihre Herkunft verleugnen, indem sie sich ihren Dialekt abgewöhnen? Angenommen, Sie sind recht gebildet, legen eine lockere Art des Umgangs mit Ihren Mitmenschen an den Tag und sprechen hin und wieder ein deutliches Wort, das jeder versteht. Sie treffen nun auf einen Kunden, der seine Worte sehr gewählt und bewusst setzt, einen gehobenen Wortschatz besitzt und für den Humor nicht ins Geschäftsleben gehört. Wie verhalten Sie sich? Denken Sie sich: Egal, ich bin, wie ich bin? Oder versuchen Sie auf Teufel komm raus ebenfalls aristokratisch zu wirken? Die Erfahrung zeigt, dass das nicht lange gut geht. Irgendwann werden Sie an Ihre Grenzen stoßen und damit unglaubwürdig und aufgesetzt wirken. Sprechen Sie allerdings zu 100 Prozent Ihre eigene Sprache, die bei vielen anderen, normal gebildeten Kunden gut ankommt, könnten Sie bei diesem speziellen Kunden schnell anecken. Wenn Sie das nicht wollen, behalten Sie Ihre natürliche Art bei und verzichten beispielsweise auf gewisse plastische und drastische Erklärungen. So gehen Sie flexibel auf den Kunden und die Situation ein und können weiterhin authentisch sein: Sie haben nur eine Kleinigkeit „weggelassen".

Dasselbe Dilemma hat sicherlich ein Rheinländer – nehmen wir den typischen Kölner –, wenn er oder sie beispielsweise im Großraum Hamburg im Außendienst unterwegs ist. Hier prallen Welten aufeinander: der eine (wenn wir die Klischees jetzt so richtig füttern) eher distanziert, kühl und aristokratisch anmutend, der andere immer für einen flotten Spruch zu haben, das „Du" dem „Sie" vorziehend und sehr redselig. Der verkaufende Kölner soll selbstverständlich authentisch sein, das macht seine Persönlichkeit aus. Mindestens genauso wichtig ist jedoch in diesem Fall, dass er achtsam ist. Wie reagiert mein nordischer Kunde gerade? Rede ich ihm zu viel? Bin ich ihm zu locker? Wendet er sich vielleicht mit der Zeit ab, weil es ihm zu viel wird? Auch hier gilt: Ein bisschen weni-

Sprachniveau und Dialekt

ger Gas geben führt eher zum Ziel und Sie sind noch immer authentisch und zeigen Ihre Persönlichkeit. Natürlich sollte jeder so reden, dass das Gegenüber ihn versteht: Das setzt voraus, dass ein bayerischer Kollege sich wenigstens bemüht, etwas langsamer und deutlicher zu sprechen, wenn er einen Hochdeutsch sprechenden Hannoveraner vor sich hat.

Sprechtempo Als Faustregel gilt: Die Diskrepanz zwischen Kunde und Verkäufer sollte sowohl sprachlich als auch körpersprachlich nicht zu groß werden. Sie dürfen und sollen natürlich langsamer als Ihr Kunde sprechen, wenn das Ihrem natürlichen Sprechtempo entspricht. Was allerdings herausfordernd ist, wenn sich ein Schnellsprecher à la Dieter-Thomas Heck und ein Zeitlupenredner wie Rüdiger Hoffmann gegenübersitzen: Der eine wird wahnsinnig vor Ungeduld, dem anderen wird schwindelig vom Zuhören. Wenn sich in diesem Fall die Parteien nicht annähern, sprich aneinander anpassen, führt das mit hoher Wahrscheinlichkeit nicht zu einem Ergebnis, mit dem beide Seiten glücklich sind.

Gehen Sie mit Ihrem Sprechtempo und Ihrer Rhetorik ein Stück auf den Kunden zu, damit auch er die Möglichkeit bekommt, sich anzupassen.

Wenn Sie sich grundsätzlich zu sehr anpassen, könnten Sie in den Augen des Kunden als profillos gelten. Wer seinen Kunden immer nach dem Mund redet, wird schnell unglaubwürdig und das eventuell aufgebaute Vertrauen ist wieder dahin. Finden Sie den Weg, der für Sie passt und für den Kunden.

Wie können wir unsere Sprache aktiv nutzen und im Sinne des emotionalen Verkaufens anpassend sein?

Menschliche Bedürfnisse durch Sprache bedienen

Das sogenannte Limbische System ist der Teil des Gehirns, der sich mit Emotionen und gefühlsbedingtem Verhalten befasst. Hier kommen die Reize zusammen, hier sitzt unser so viel zitiertes

Belohnungszentrum: „Toll, ich kann Geld sparen"; „Super, ich habe Insider-Informationen!" usw. Sämtliche Eindrücke unserer fünf Sinne (sehen, hören, fühlen, riechen und schmecken) werden dorthin geleitet. Dieses System vergleicht, sehr vereinfacht ausgedrückt, die äußeren Reize mit unseren Bedürfnissen und meldet sich bei Übereinstimmung deutlich zu Wort. (Liebe Leserinnen: Haben Sie schon einmal einen Mann beim Autohändler vor seinem Traumwagen stehen sehen? In solchen Momenten meldet sich das Limbische System nicht nur zu Wort, es brüllt regelrecht, was Sie beispielsweise an seinem Gesichtsausdruck erkennen.) Also könnten Sie es sich theoretisch sehr einfach machen: Wenn Sie die Bedürfnisse des Menschen kennen, müssen Sie sie nur noch erfüllen.

Schauen wir uns zur Orientierung eine Auswahl der menschlichen Bedürfnisse (ohne physiologische, sprich körperliche Bedürfnisse wie schlafen) an:

Bedürfnisse, die Sie ansprechen können

- Selbstständigkeit/Autonomie
- Kreativität
- Ehrlichkeit
- Ruhe/Alleinsein
- Anerkennung/Wertschätzung
- Vertrauen
- Verstehen/Klarheit
- Heiterkeit/ Freude
- Schönheit/Ästhetik
- Selbstvertrauen
- Authentizität
- Beteiligung
- Zugehörigkeit
- Unterstützung/Verständnis
- Bildung
- Friede/Harmonie
- Begeisterung/Spaß

Wenn Sie diese Bedürfnisse bei Ihren Kunden ansprechen, kommen Sie Ihrem Ziel deutlich näher. In unserem Beispiel mit dem begeisterten Mann beim Autohändler könnte eine solche Aussage lauten: „Was meinen Sie, wie toll der sich erst fährt …" Wie Sie die Wünsche Ihres speziellen Kunden herausfiltern, erfahren Sie in den Kapiteln 6 und 7 (Emotionaler Nutzen und Emotionaler Elevator-Pitch). Hier geht es zunächst darum, wie Sie allgemein in Ihrer Argumentation sprachlich überzeugen können.

Ihre Sprache sollte bei der Preis- und Nutzenargumentation und beim Angebot klar, positiv und bildhaft sein.

Klare und eindeutige Sprache

Wenn Kunden Ihnen Fragen stellen, dann erwarten sie natürlich auch Antworten: klare Antworten, die eindeutig formuliert sind und nicht zu Missverständnissen führen. Es geht wieder darum, Vertrauen aufzubauen: Wie können Sie Ihren Kunden vermitteln, dass Sie und Ihr Produkt das Ihnen entgegengebrachte Vertrauen wert sind? Schaffen Sie durch klare und eindeutige Sprache Fakten und daraus resultierend Emotionen, die zum Kauf führen.

Füll- und Müllwörter

Um die sachlichen Aspekte in einem Verkaufsgespräch zu bedienen, bedarf es bei der Argumentation für Ihr Produkt oder für Ihre Dienstleistung einer deutlichen Sprache ohne viel Schnickschnack. Was in diesem Zusammenhang „Schnickschnack" bedeutet, können Sie an folgendem Zitat erkennen:

„Wie gesagt, Philipp Lahm ist schon auch eigentlich ein relativ guter Spieler ..."

JOACHIM LÖW, 2008

In klare Sprache übersetzt: Philipp Lahm ist ein guter Spieler. Wenn überhaupt, dann hätte das Wort „relativ" in diesem Zusammenhang noch eine Daseinsberechtigung, falls Löw meint, dass Lahm eben nur ziemlich gut ist. Wir führen in unserer Sprache jede Menge Füll- und Müllwörter mit uns herum, die unsere Aussagen unnötig schwächen und verwischen. Wenn es darauf ankommt, in einem Verkaufsgespräch zu überzeugen, stehen uns diese „Weichmacher" im Wege. Es ist durchaus in Ordnung, wenn Sie hin und wieder solche Füllwörter benutzen, zum Beispiel wenn Ihr Partner Sie fragt, ob Sie noch mit ihr oder ihm ins Kino gehen wollen: „Eigentlich habe ich keine Lust, aber ich gehe gerne dir zuliebe mit." In diesem Fall ist es ein rhetorisches Mittel, um Ihrem Lebensgefährten zu verdeutlichen, was Sie nicht alles für ihn oder für sie tun würden.

Was passiert, wenn Ihr Kunde Sie fragt: „Ist das denn wirklich das richtige Produkt für mich?" Halten Sie es für sinnvoll und zielführend, wenn Sie antworten: „Ich für meinen Teil denke, dass wir in der Vergangenheit gewissermaßen den einen oder anderen Erfolg unter vergleichbaren Umständen erzielen konnten. Quasi." Glauben Sie, dass Ihnen Ihr Kunde dann vor Glück an den Hals springen wird und Ihnen und Ihrem Produkt vertraut? Rhetorische Frage, natürlich nicht, dieser Satz strotzt nur so vor mangelndem Selbstvertrauen. Eine mögliche klare Antwort wäre: „Ja, das ist genau das richtige Produkt für Sie, weil …" Nach dieser Aussage muss natürlich eine ebenso klare Begründung kommen, die sich auf die vorher erfragten und achtsam wahrgenommenen Wünsche des Kunden bezieht.

Hier folgt eine kleine Auflistung von zumeist unnötigen Füllwörtern und Floskeln:

- eigentlich
- quasi
- normalerweise
- unter gewissen Umständen
- meiner persönlichen Meinung nach
- in gewisser Weise
- im Grunde genommen
- wie gesagt
- sozusagen
- könnte
- ich würde sagen
- eventuell

Beispiele für „Weichmacher" in der Sprache

Kennen Sie noch mehr solcher Blähwörter? Im normalen Miteinander fallen uns diese Weichmacher selten bewusst auf; nur dann, wenn wir oder der Kunde unsicher sind und eine Aussage hören wollen, nach der wir uns richten können, stört der Gebrauch den Vertrauensaufbau.

Vermeiden Sie Füll- und Müllwörter, wenn Sie in Ihrer Argumentation überzeugen wollen.

Allerdings können allzu knappe Aussagen ebenfalls zu Unklarheiten führen, ein sprachlicher Telegrammstil ist nicht sinnvoll.

„Dieser Rat könnte eventuell für Sie relativ nützlich sein."
Wie könnte dieser Satz aussehen, wenn er klar formuliert wäre? Zum Beispiel: „Dieser Rat könnte nützlich für Sie sein." Sie haben jetzt die Gelegenheit, sich an eindeutigen Sätzen zu üben; die Vorschläge zur Auflösung stehen darunter. Versuchen Sie es aber bitte zunächst selbst.
Streichen Sie aus den folgenden Sätzen die unnötigen Wörter oder verändern Sie sie leicht, sodass jeweils ein klarer Satz mit einer eindeutigen Aussage entsteht:

1. *René Adler ist von seiner Altersstruktur her eigentlich ein eher junger Torwart.*

    Zitat Andreas Köpcke

2. *Wir sollten, wenn es die jeweilige Umsatzsituation unter Umständen zulässt, den einen oder anderen Servicebesuch in die Planung mit einbeziehen.*

3. *Sie erhalten bei jedem Kauf ein freies Geschenk.*

    Ein Klassiker in Spam-Mails

4. *Meiner persönlichen Ansicht nach sollten wir eigentlich den Auftragsrahmen in gewissen regelmäßigen Abständen überprüfen lassen.*

Wie sehen Ihre Lösungen aus? Hier kommen Ideen dazu:

1. René Adler ist ein junger Torwart.
2. Wir sollten je nach Umsatzlage einige Servicebesuche einplanen.
3. Sie erhalten bei (jedem) Kauf ein Geschenk.
4. Wir sollten den Auftragsrahmen in regelmäßigen Abständen überprüfen.

Die Sätze sind nun deutlich kürzer und eindeutiger formuliert und schaffen für die linke und logische Hirnhälfte die geforderte Klarheit.

Fachjargon

Sind Ihre kurzen Sätze allerdings mit Fremdwörtern und vor allem mit Fachjargon übersät, ist das wiederum problematisch. Sie können die fachlichen Begriffe oft allerdings nicht ganz weglassen. Es gibt manchmal keine gut klingende Alternative zu Wörtern wie etwa „Flatrate". Das Wirtschaftslexikon Gabler definiert diesen Begriff mit „*Festpreis, der die unbegrenzte Nutzung eines Gutes gewährt*", bei Wikipedia steht „*Pauschaltarif für Telekommunikations-Dienstleistungen*". Gut, Pauschaltarif ginge noch. Allerdings hat sich der Begriff Flatrate mittlerweile so eingebürgert, dass jede andere Bezeichnung den Kunden nur verwirren würde. Dass dieses Wort nicht immer schon allen Kunden geläufig war, können Sie in Kapitel 8 nachlesen (Humor im Verkauf). In vielen Fällen ist es besser, auf Fachwörter zu verzichten. Ein Beispiel:

In einem Telekom-Shop werden Sie Zeuge eines Verkaufsgesprächs
zwischen einer sehr jungen Dame (die Verkäuferin) und einem circa 70 Jahre alten Rentner. Die Verkäuferin stellt Fragen, um herauszufinden, was ihr Kunde will, er antwortet vorschriftsmäßig – und dann kommt´s. Die junge Frau fragt den älteren Herrn: „Wie ist denn so Ihr Telefonieverhalten?" Was soll der arme Mann darauf antworten, wenn er diesen Begriff noch nie gehört hat? Er antwortet wörtlich: „Telefonieverhalten, was soll ich sagen? Ich hab da im Flur so 'nen Hocker und da sitz ich immer drauf, wenn ich am Telefonieren bin. Meinen Sie das?"

Ich weiß, dass dieser Begriff in der Telekommunikationsbranche gang und gäbe ist, aber wissen das auch Ihre Kunden? Wissen wirklich alle Bürger unseres Landes, dass mit „German Calls" Inlandsgespräche gemeint sind? Hier ist wieder Ihre Achtsamkeit gefragt. Eine wesentlich verständlichere Frage wäre in unserem Beispiel mit dem älteren Herrn: „Wohin telefonieren Sie denn meistens (Inland, Ausland, Festnetz, Mobilfunk)?" Oder: „Zu welchen Tageszeiten telefonieren Sie denn meistens?" Das ist für Nicht-Fachleute greifbarer. Ebenso wie ein TAE-Telefonkabel das altbekannte Telefonkabel ist und ein Western-Stecker zumeist am Ende der Kabel eines modernen ISDN-Telefons zu finden ist.

Benutzen Sie so viel Fachjargon wie nötig und so wenig wie möglich.

Die Sprache des Kunden sprechen

Sprechen Sie die Sprache des Kunden, damit er wirklich versteht, was Sie meinen. Leider fragen viele Menschen aus falsch verstandenem Stolz nicht nach und kaufen etwas Falsches. Das macht Ihnen nachher deutlich mehr Arbeit, als im Vorfeld über Ihre Formulierungen nachzudenken: Die Reklamation oder den Umtausch dürfen Sie dann nämlich auch noch bearbeiten. Wenn Sie hingegen „unter sich" sind, wenn Sie zum Beispiel als Vertriebsingenieur im Verkauf auf einen Ingenieur im Einkauf oder bei der Projektplanung treffen: Nur zu, hier können Sie sich richtig austoben. Solange beide Seiten wissen, worüber genau gesprochen wird, ist alles erlaubt.

Anglizismen

Wie ist es um Ihre englischen Sprachkenntnisse bestellt? Englisch kann eine tolle Sprache sein, zumal sie deutlich weicher daherkommt als unser zumeist hart klingendes Deutsch. Müssen wir aber im Verkauf wirklich alles in „coolen Slogans" ausdrücken, können wir uns nicht darauf „committen", dass „Display" auch einmal „Anzeige" heißen darf? Wenn Sie sich in einem Elektronikmarkt umschauen und die Produktbeschreibungen beispielsweise von Fernsehern eingehender betrachten: Wissen Sie sofort, was diese ganzen englischen Begriffe bedeuten? Dort ist die Rede von „Full

HD Ready", „Digital Chrystal Clear", „Set Top Box" und „Surround Sound". Ein 2-teiliges Werkzeug-Set an einer Tankstelle heißt „Toolbundle, 2pcs." Und der klassische Schlussverkauf im Handel, den es offiziell ja nicht mehr gibt, heißt nur noch „Sale".

Sehr viele Wörter aus der englischen Sprache sind in unseren Sprachraum eingeflossen und das ist auch okay (!) so; das liegt vor allem an der Entwicklung des Internets, in deren Folge Begriffe aufgetaucht sind, die es vorher einfach nicht gab und die sich in unserer Sprache hölzern anhören würden. Im Sinne des emotionalen Verkaufens bietet sich allerdings an, auf den Kunden auf Deutsch einzugehen, denn zu viele Anglizismen schrecken ab und klingen unecht und aufgesetzt. Lassen Sie uns endlich wieder von einem „Verkaufsgespräch" sprechen und nicht aus falsch verstandenem Kompetenzstreben von einem „Pitch". Allerdings gibt es, wie erwähnt, Begriffe, die nicht mehr wirklich zu unserem Sprachgefühl passen: Aus einer Arbeitsgruppe wurde irgendwann ein „Team".

Wählen Sie englische Ausdrücke mit Bedacht und vor allem kundenorientiert.

Versuchen Sie, nachfolgende Begriffe sinnvoll in die deutsche Sprache zu übersetzen. Die Auflösungsvorschläge finden Sie darunter.

Englischer Begriff:	Ihre deutsche Übersetzung
Account-Manager	_____
Beauty-Salon	_____
Call	_____
Event	_____
Zappen	_____

Englischer Begriff:	Ihre deutsche Übersetzung
Service-Point	_____
Back-Shop	_____
Mountainbike	_____
Statement	_____
Highlight	_____
User	_____
Indoor	_____
Key-Account	_____
Location	_____
Meeting	_____
On demand	_____
Relaunch	_____
Skills	_____
Flat-Screen	_____

Account-Manager: Kundenbetreuer / Beauty-Salon: Kosmetikstudio / Call: Anruf / Event: Veranstaltung / Zappen: hin und her schalten / Service-Point: Informationsstand / Back-Shop: Bäckerei / Mountain-Bike: Geländerad / Statement: Stellungnahme / Highlight: Höhepunkt / User: Nutzer / Indoor: drinnen / Key-Account: Schlüsselkunde, wichtiger Kunde / Location: Veranstaltungsort / Meeting: Treffen / On demand: auf Abruf / Relaunch: Neustart / Skills: Fähigkeiten / Flat-Screen: Flachbildschirm

....

Wie leicht oder wie schwer ist es Ihnen gefallen? Sprechen Sie so, wie es zu Ihrem Kunden, Ihrem Produkt und zu Ihnen selbst passt. Nehmen Sie diese Übung als Erweiterung Ihres sprachlichen Werkzeugkoffers.

Positive und zielgerichtete Sprache

Es wird in Ihrem beruflichen wie in Ihrem privaten Leben immer wieder Meinungsverschiedenheiten geben. Das ist normal und gut so: Konflikte sollten schnellstmöglich angesprochen und beseitigt werden, damit nicht, wie in Kapitel 1 beschrieben, ein tieferes Gefühl der Ablehnung entsteht. Manchmal ist man verschiedener Meinung, manchmal haben Kunden Reklamationen, ob Sie nun berechtigt sind oder nicht. Im Verkauf sollten Sie versuchen, einem negativen Aspekt etwas Positives abzugewinnen, und sich nicht mit Ihrem Kunden zu streiten.

Es geht immer um die Sache, nicht um die Person.

Sie können natürlich sagen: *„Das haben Sie falsch verstanden."* Erfolgversprechender ist jedoch: *„Es kann sein, dass ich Ihnen hierzu nicht alle Informationen gegeben habe."* Oder Sie formulieren: *„Vielleicht liegt hier ein Missverständnis vor."* Hierbei nehmen Sie den persönlichen Bezug heraus, sodass sich niemand angegriffen fühlt. Manchmal geht es nämlich sehr schnell und das ganze aufgebaute Vertrauen ist mit einem falschen Wort oder Satz wieder dahin. Es folgt ein Beispiel für eine wenig gelungene Konfliktbearbeitung (frei nach: Tommy Jaud, Resturlaub: Das Zweitbuch):

Zielorientiert, aber verbindlich formulieren

Herr Greulich ist Außendienstmitarbeiter eines Etikettenherstellers und sitzt im Besucherraum seines Kunden: einer Brauerei aus dem fränkischen Bamberg, der er vor zwei Tagen 150.000 Etiketten für die neuen Bierflaschen der Marke „Seppelpeter's Spezial's" geschickt hat. Der 92-jährige Chef des Familienunternehmens, Karl-Heinz Seppelpeter junior, ist ein harter, aber fairer, wenn auch manchmal kauziger und cholerischer Geschäftspartner. Er kommt zur Tür herein und begrüßt Greulich mit den Worten: „Sie haben mir die falschen Etiketten geschickt, die können Sie gleich wieder mitnehmen!" „Wieso?", fragt Greulich, „War doch alles so, wie es auf dem Auftrag stand." „Gar nicht wahr, wir haben richtig bestellt, Sie haben den zweiten Apostroph vergessen!" Seppelpeter wird immer aufgeregter. Greulich bleibt standhaft: „Hier auf dem Auftrag steht nichts von einem zweiten Apostroph, da müssen Sie sich geirrt haben. Zudem heißt es nicht Spezial's, Spezial hört sich doch auch viel besser an! Da können wir leider nichts machen." „R A U S !!!"

Beispiel: Wie Konflikte geschürt werden

Wie hätten Sie reagiert, was hätten Sie entgegnet? Streng genommen hat der Verkäufer Greulich ja das Recht auf seiner Seite: Wenn auf der Bestellung nichts von einem Apostroph stand und sein Unternehmen womöglich noch eine Auftragsbestätigung geschickt hat, sind die Etiketten faktisch richtig geliefert. In diesem Beispiel ist allerdings in der Kommunikation alles schiefgegangen, was schiefgehen konnte: Es fängt mit dem „Wieso?" an. Haben Sie schon einen Menschen, der sich gerade fürchterlich aufregt, gefragt, warum, wieso, weshalb er was auch immer gemacht hat? Mit an Sicherheit grenzender Wahrscheinlichkeit wird er sich noch mehr aufgeregt haben, weil er das Gefühl hatte, sich rechtfertigen zu müssen oder sogar angegriffen zu werden (vgl. hierzu Kapitel 3). Die Frage *„Was genau ist denn passiert?"* hätte eher zur ersten Beruhigung der Lage beigetragen. Nachdem Greulich Herrn Seppelpeter auch noch auf seine mangelnden Deutschkenntnisse hingewiesen hat, war die Laune endgültig dahin. Zur Krönung kam die abschließende „Killer-Phrase": *„Da können wir leider nichts machen."* (Das ist die kleine Floskel-Schwester von: *„Da sind mir leider die Hände gebunden."*)

Sicherlich ist dieses Beispiel ein Extremfall. Allerdings hätte die Kundenbeziehung noch eine Chance gehabt, wenn Herr Greulich abschließend gesagt hätte: *„Lassen Sie uns doch gemeinsam überlegen, wie wir die Sache lösen können."* Wenn Sie eher positiv und lösungsorientiert formulieren, haben Sie wesentlich mehr Möglichkeiten, ein solches Gespräch wieder in einer anständigen Lautstärke und auf einer sachlichen Ebene zu führen.

Richtig Nein sagen Ein weiteres Beispiel ist immer wieder das „Nein". Sie sollten natürlich im Verkauf Nein sagen können, besonders wenn es um unrealistische Forderungen der Kunden geht. Die Frage ist nur, wie Sie das Nein verpacken. Der Kunde sagt: *„Ich brauche die Ware morgen Mittag!"* Wenn Sie genau wissen, dass Sie das nicht schaffen, ist Ihr Reflex wahrscheinlich: *„Nein, das geht nicht."* Allerdings klingt es deutlich positiver, wenn Sie beispielsweise entgegnen: *„Wir schaffen das Mittwoch früh, ist das auch noch in Ordnung für Sie?"* Dann kann es zwar noch immer sein, dass Ihr Kunde nicht einverstanden ist, Sie aber haben eine ganz andere Grundlage, mit ihm zu diskutieren, als wenn Sie das Gespräch mit einem harten Nein ausgebremst hätten. Es sagt zwar dasselbe aus, der Kunde fühlt sich hierbei jedoch nicht zurückgewiesen. Trotzdem: Zu viel „Schönfärberei" wirkt unglaubwürdig. Manchmal sind Probleme eben Probleme und keine Herausforderungen, manchmal muss Klartext gesprochen werden.

Beispiel:
Flapsige Antwort

Ein Baumarktleiter beschwert sich bei einem Verkäufer, dass die Verkaufsverpackungen der 99-teiligen Werkzeugkoffer für die Weihnachtsaktion größtenteils beschädigt und seiner Meinung nach dadurch unverkäuflich seien. „Nur die Verpackung ist kaputt?", fragt der Verkäufer. „Ja, nur die Verpackung." „Da können Sie mal sehen, welche Qualität unsere Werkzeuge haben", meint der Verkäufer salopp und schweigt.

Auch wenn eine solche Antwort witzig sein kann (vgl. Kapitel 8, Humor im Verkauf), so kommt sie in diesem Moment, da der Marktleiter Angst hat, seine Werbeaktion nicht liefern zu können, als Schönfärberei an, nach dem Motto: „Stell dich nicht so an, alles ist gut." Bemühen Sie sich, Sätze mit negativem Charakter in positive und lösungsorientierte Ideen umzuwandeln, aber bleiben Sie dabei stets glaubwürdig und realistisch.

- -

Sagen Sie nicht, was nicht geht, sagen Sie, was geht!

Bildhafte Sprache
Wenn Sie ohne zurückzublättern an die Geschichte des Bierbrauers Seppelpeter und Herrn Greulich denken: Welche Bilder haben Sie noch im Kopf? Welche Verbindungen hat Ihr Gehirn hergestellt, als die Rede war von Seppelpeter junior, 92 Jahre alt, oder Bamberg oder „R A U S !!!"?

Unser Gehirn funktioniert über Bilder. Wenn wir jemandem zuhören oder ganz besonders, wenn wir Bücher lesen, bekommen wir sofort ein Bild auf unseren inneren Bildschirm projiziert. (Stellen Sie sich gerade einen Bildschirm vor? Wie sieht er aus? Ist es ein-

moderner Flachbildschirm oder eine klassische Leinwand?) Manchmal sind wir enttäuscht, wenn wir die Verfilmung dieses Buchs im Kino sehen: Der Hauptdarsteller sieht auf einmal ganz anders aus als in unserer Fantasie, seine Stimme klingt auch ganz anders und das Haus, in dem er wohnt, ist auf einmal so klein. Keine Sorge, das Buch, das Sie hier gerade lesen, wird mit an Sicherheit grenzender Wahrscheinlichkeit nicht verfilmt, also bleiben Ihre Visionen immer so, wie sie sind.

Anders als bei der oben erwähnten klaren Sprache sprechen Sie mit bildhafter Sprache die rechte Gehirnhälfte Ihres Kunden an. Diejenige, die für Emotionen zuständig ist. Die den Kunden Vertrauen in uns als Verkäufer aufbauen lässt, indem sie vergleicht, ob seine Bedürfnisse und Wünsche deckungsgleich mit dem sind, was wir sagen – sprachlich wie körpersprachlich.

Löcher statt Bohrer verkaufen

Der Gründer des Unternehmens Black & Decker hat einmal auf einer Vertriebsversammlung zu seinen Mitarbeitern gesagt: *„Verkauft den Kunden nicht die Bohrmaschinen, verkauft ihnen die Löcher, die sie damit bohren können!"* Weitergedacht und frei übersetzt heißt das: Erzählen Sie Ihrem Kunden, was er alles Tolles anfangen kann, wenn er Ihr Produkt gekauft hat. Versetzen Sie ihn in die Lage zu erkennen, was anders und besser sein wird, wenn er Ihr Produkt oder Ihre Dienstleistung nutzt. Beschreiben Sie ihm, wie es sein wird, etwa dieses neue Jackett zu tragen, den neuen Sportwagen auszufahren, in seinem schönen neuen Eigenheim im Garten zu sitzen und zu grillen und so weiter.

Natürlich gilt auch hier: Ihr Fachwissen ist die Grundlage des Verkaufserfolgs, ohne das Sie diese Bilder nicht kreieren können. Nutzen Sie die bildhafte Sprache als ein weiteres wichtiges Instrument, den Kunden zu überzeugen und sich selbst als Persönlichkeit einzigartig zu machen: Er wird Sie immer mit diesen bildhaften Beschreibungen in Verbindung bringen.

Komplexes mit Analogien darstellen

Besonderen Nutzen tragen Sie und Ihre Kunden davon, wenn es darum geht, komplexe Zusammenhänge zu erklären. Sie können mit einem Bild viel besser darstellen, wie zum Beispiel die neue

Produktionsstraße funktioniert oder was es bedeutet, wenn die neue SAT-Anlage erst einmal installiert ist. Hierfür bieten sich Analogien an. Das sind Bilder, die verschiedene Bereiche in einen Zusammenhang stellen. Sie verbinden ein vielleicht trockenes und sehr technisches Thema mit einem lebendigen Erlebnis, das Ihr Kunde kennt. Dadurch lassen Sie den sprichwörtlichen Film im Kopf Ihres Kunden ablaufen und bringen ihn dazu, Ihre Argumente und Informationen besser zu verstehen.

Bildhafte Sprache funktioniert über Vergleiche mit einfachen und bekannten Dingen.

Dabei helfen Ihnen Formulierungen wie „ist wie …", „ist vergleichbar mit …", „sieht aus wie …" usw.

Hier ein paar Beispiele aus verschiedenen Branchen:

■ *„Ein hartes Nein in einem Verkaufsgespräch ist wie ein Strömungsabriss während eines Fluges: Sie werden wahrscheinlich nicht abstürzen, aber Sie sacken ein wenig ab."*
(Zur Erklärung der positiven Sprache sinnvoll)

■ *„Mit diesen Laufschuhen haben Sie das Gefühl, als wenn Sie barfuß über einen weichen Teppich laufen."*
(Wenn Ihr Kunde über Blasen an den Füßen klagt)

■ *„Mit dieser Dolby-Surround-Anlage ist Fußballschauen im Fernsehen so, als wenn Sie im Stadion in der Loge sitzen."*
(Wenn Sie Ihren Kunden von den Vorzügen des Raumklangs überzeugen wollen)

■ *„Ihre Anzeige in unserer Zeitung wird den Lesern so angenehm auffallen wie ein saftig-grüner Baum in der Wüste."*
(Wenn der Kunde Sie mit dem Einwand konfrontiert, dass man auf den Anzeigenseiten Ihrer Zeitung den Wald vor lauter Bäumen nicht sieht)

Beispiele für bildhafte Vergleiche

■ *„Ihre Urlaubsreise bei uns im Reisebüro zu buchen statt anonym im Internet, fühlt sich so an, als wenn wir Ihnen persönlich den Sonnenschirm am Strand aufspannen würden: Sie müssen sich um nichts mehr kümmern."*
(Wenn der Kunde Ihnen mitteilt, dass er die Reise im Internet billiger buchen kann)

■ *„Im Vergleich zu unserem Sicherheitssystem ist Fort Knox so löchrig wie ein Schweizer Käse."*
(Wenn Sie Alarmanlagen und -systeme verkaufen und den Sicherheitsstandard erklären wollen)

Diese Formulierungen vergleichen alle den eigentlichen Inhalt/ das ursprüngliche Anliegen mit einem zunächst paradoxen Zusammenhang, oder denken Sie bei der Aufgabe einer Annonce in Ihrer Tageszeitung an Bäume in der Wüste? Es ist zweckdienlich, wenn Sie die Zusammenhänge erkennen und die Bedürfnisse Ihrer Kunden herausgefunden haben: Häufig befürchten Kunden beispielsweise, dass ihre Annonce untergeht und nicht gut auffindbar ist. Wenn Sie als Verkäufer davon überzeugt sind, dass Sie ihnen eine auffallendere Lösung bieten können, machen Sie sich Gedanken darüber, welches Symbol dafür steht. Ein Baum in der Wüste fällt auf, klar. Was noch? Eine Rockband in einem Kloster? Ein blauer Elefant in einer Schafherde? Ihrer Fantasie sind keine Grenzen gesetzt.

Finden Sie das passende Sinnbild für die Wünsche Ihres Kunden.

Auswahl typischer Symbole

Hier ein paar Beispiele für klassische Symbole:

Symbol	Bedeutung
Leuchtturm	Sicherheit, Orientierung
Fort Knox	Sicherheit, Unbezwingbarkeit
Vogel	Freiheit

Bahnschranke	Starrsinn
Wüste	Trockenheit, Einsamkeit, Naturgewalt, Schönheit
Meer	Weite, Freiheit
Die Bank von England	… ??? …

Darüber hinaus dürfen Sie natürlich Ihre eigene Kreativität nutzen. Suchen und finden Sie ein Symbol, das zu Ihnen und Ihrem Produkt passt (Authentizität), denken Sie darüber nach, worauf Ihr Kunde anspringen könnte (Achtsamkeit), und formulieren Sie dann entweder klassisch oder auch gerne mal frech (Anpassungsfähigkeit).

Hier haben Sie die Gelegenheit, die bildhafte Sprache zu trainieren. Ergänzen Sie die Aussagen mit einer Analogie und denken Sie vorher nach, welches Adjektiv den Sachverhalt beschreiben könnte.

Der Job als Verkäufer …

Als Kunde bei uns …

Das Arbeiten mit unserem Produkt …

Unsere Lieferfähigkeit …

Unser Innendienst arbeitet …

Vorsicht vor Übertreibungen

Wenn Sie weitere Ideen haben, sich, Ihre Produkte oder Ihre Arbeitsprozesse zu beschreiben, dann notieren Sie sich diese und arbeiten regelmäßig an leicht verständlichen, bildhaften Formulierungen. Damit Ihr Kunde weiß, was er kauft. Eine Einschränkung gibt es allerdings auch hier: Vorsicht vor Übertreibungen. Ein Außendienstverkäufer pries seine Hammerbohrer einmal mit folgenden Worten an: *„Mit unseren Bohrern zu arbeiten fühlt sich so an, als wenn Sie mit einem heißen Messer durch die Butter gleiten. So leicht fährt er in die Wand.“* Dem Einkäufer waren diese Worte wohl zu abgehoben und er verzog dabei nur sein Gesicht zu einer Grimasse.

Es geht nicht darum, ob Ihnen als Verkäufer ein Symbol gefällt: Es muss für den Kunden greifbar sein.

Wenn Sie klar, positiv und bildhaft argumentieren, ist die Sprache eine sehr große Verkaufshilfe, die Sie dabei unterstützt, das Vertrauen des Kunden zu gewinnen.

Das Wichtigste in 7 Schritten

1. Gehen Sie flexibel auf den Kunden und die Situation ein, ohne sich zu verbiegen.
2. Passen Sie sich dem Sprechtempo, der Körpersprache und der Sprechweise Ihres Kunden auf natürliche Weise an.
3. Inhaltliche Anpassung bedeutet, die Aussagen und die Meinung des Kunden wertzuschätzen, ohne sich selbst zu widersprechen.
4. Sprechen Sie wenn möglich immer sämtliche Wahrnehmungskanäle Ihrer Kunden an.
5. Argumentieren Sie in einer klaren und eindeutigen Sprache und vermeiden Sie Füllwörter und weitestgehend Fachjargon.
6. Versuchen Sie nach Möglichkeit immer die positiven Aspekte negativer Aussagen herauszustellen, bleiben Sie dabei aber glaubwürdig.
7. Bildhafte Sprache erleichtert Ihren Kunden das Verständnis.

---

5. Die passende Kundenansprache: Wie eröffnen Sie ein Gespräch?

Mit der Kundenansprache, den ersten Worten in einem Verkaufsgespräch, können Sie vieles falsch, aber auch vieles richtig machen. Sie ist die Grundlage für Ihren Verkaufserfolg. Leider wird dieses Thema allgemein viel zu selten erörtert, kaum jemand denkt darüber nach, was es bedeutet, wenn der Kunde mit einem uniformen „Kann ich Ihnen helfen?" angesprochen wird. Ebenso wird leider häufig „die gute Kinderstube" vergessen: Eine freundliche Begrüßung und ein natürliches Lächeln sollten selbstverständlich sein.

Keine Standardfloskeln verwenden

Achten Sie bei Ihrem nächsten Einkaufsbummel darauf, auf welche Art und Weise die Verkäufer Sie ansprechen. Manchen Menschen ist es gleichgültig, ob sie überhaupt wahrgenommen werden, denn sie wollen vermeintlich nur schauen und sich informieren. Das ist legal und auch verständlich: Zu aufdringliche Verkäufer mögen die meisten Leute nicht. Trotzdem: Wenn Sie auf Ihre Kunden zugehen, haben diese es dann nicht verdient, individuell angesprochen zu werden, statt einen monotonen Satz zu hören? Auch hier können Sie, wenn Sie authentisch, achtsam und anpassend sind, bei Ihren Kunden oder denen, die es noch werden wollen, punkten und Vertrauen gewinnen. Zudem macht es Ihnen die Arbeit leichter und es verkürzt den Tag ungemein, wenn Sie sich darüber Gedanken machen, was der Kunde für ein Typ ist und wie er vermutlich gerne angesprochen werden möchte. Wenn Sie den Nerv des Käufers treffen, schaffen Sie sofort eine angenehme Gesprächsatmosphäre, die Ihnen den Verkauf am Ende erleichtern wird.

Was tun, wenn die Körpersprache des Kunden schon sagt: „Bleib bloß weg, ich will meine Ruhe"? Zunächst sollten Sie natürlich achtsam sein und überhaupt wahrnehmen, dass der Kunde momentan keinen Wert auf Ihre Beratung legt oder sich gar dadurch gestört fühlt. Hier hilft nur eines: den Kunden in Ruhe schauen lassen und körperliche Präsenz zeigen. Geben Sie ihm das Gefühl, dass Sie ihn wahrgenommen haben und jederzeit zur Verfügung stehen, wenn er es sich anders überlegen sollte und Sie etwas fragen möchte.

Eine offene Körpersprache und ein natürliches Lächeln wirken einladend und herzlich: Dies gibt Ihren Kunden ein gutes Gefühl.

In den kommenden beiden Unterkapiteln finden Sie viele Ideen für konkrete Formulierungen, wie Sie Ihre Kunden individuell und auch kreativ ansprechen können. Diese Beispiele sind ausnahmslos praxiserprobt und haben alle zum Erfolg geführt – in der jeweiligen Situation. Fragen Sie sich beim Lesen, ob ein solcher Satz für Sie und Ihre ureigene, authentische Sprache infrage käme, ob Sie sich damit wohlfühlen. Es nutzt nichts, wenn Sie Aussagen verwenden, die Ihnen schwer über die Lippen kommen. Im nächsten Schritt muss diese Ansprache natürlich zu Ihrem jeweiligen Kunden passen: Das bekommen Sie durch Ihre Achtsamkeit vor Ort schnell heraus. Über die Besonderheiten im Außendienst, wo Sie ja den Kunden besuchen, lesen Sie im dritten Unterkapitel ab Seite 86.

Wie Sie Kunden sachlich und personenbezogen ansprechen

Um eine Alternative zu „Kann ich Ihnen helfen?" oder „Wie kann ich Ihnen helfen?" zu finden, müssen Sie im ersten Schritt besonders achtsam sein: Es gibt weitere Möglichkeiten, Ihre Kunden allgemein und sachlich anzusprechen. Hier finden Sie zunächst einige branchenübergreifende Beispiele:

◼ *„Was suchen / brauchen Sie denn?"*
Wenn der Kunde sich suchend umschaut oder Sie fragend ansieht, ist das eine klassische Alternative.

◼ *„Was darf ich Ihnen Gutes tun?"*
◼ *„Was führt Sie zu uns?"*
Hier geben Sie Ihrem Kunden sofort die Gelegenheit, sein An-
liegen vorzutragen und Ihnen erste Informationen zu vermitteln.

◼ *„Was darf ich Ihnen denn hierzu erzählen?"*
Diese Frage bietet sich an, wenn Ihr Kunde einen Ihrer Artikel in
Händen hält und ihn eingehend studiert.

◼ *„Was darf es denn heute sein?"*
Sie kennen den Kunden, weil er schon einmal bei Ihnen war?
Damit können Sie es ihm zeigen, er wird sich freuen.

◼ *„Was darf ich Ihnen denn schmackhaft machen?"*
◼ *„Was darf ich Ihnen denn verkaufen?"*
Diese Fragen sind schon etwas offensiver, zumindest die zweite.
Testen Sie sich selbst, ob es zu Ihnen passt, eine solche Frage zu
stellen. Wenn Sie dabei ein freundliches Lächeln im Gesicht ha-
ben, wird der Kunde sicherlich nicht böse darüber sein.

Obige Formulierungen können Sie nutzen, ganz gleich, in welcher
Branche Sie arbeiten. Es gibt allerdings in jeder Sparte Besonderheiten, die Sie bei der aktiven Kundenansprache ausnutzen sollten.
Sie verbinden damit Eigenschaften und Eigenarten Ihrer Branche
mit der Person, die gerade vor Ihnen steht. Es folgen typische Beispiele aus verschiedenen Bereichen.

◼ *„Welches Gerät / welchen Tarif darf ich Ihnen denn näherbringen?"*
Das setzt natürlich voraus, dass der Kunde sich in Ihrer Abteilung
genauer umschaut.

◼ *„Womit kann ich Sie denn verbinden / vernetzen?"*
Ein kleines Wortspiel, das bei Ihrem Kunden Aufmerksamkeit
erregen wird. Hierbei hilft Ihnen ein verschmitztes Lächeln.

▨ *„Womit wollen Sie denn zukünftig telefonieren?"*
Diese Ansprache zielt direkt auf die Kaufabsicht des Kunden und verbildlicht ihm bereits sein neues Telefon.

Beispiele für die Lebensmittelbranche
Worum geht es zum Beispiel an der Wursttheke? Um die Nahrungsaufnahme, richtig.

▨ *„Worauf haben Sie denn Hunger?"*
▨ *„Was darf ich Ihnen denn Leckeres einpacken?"*
▨ *„Was gibt's denn bei Ihnen heute Abend zu essen?"*
Die letzte Ansprache hatte zur Folge, dass die Kundin sich an der Fleischtheke eines Supermarktes ein leckeres Mahl zusammenstellen ließ.

▨ *„Was steht denn da auf Ihrem Einkaufszettel?"*
Ein wenig frecher, ein wenig humorvoller. Versuchen Sie es doch einmal.

Wenn Sie den Kunden kennen und wissen, was er meistens kauft:

▨ *„Heute wieder 100 Gramm …?"*
Das schafft Nähe, der Kunde freut sich, wenn er wiedererkannt wird. Alternativ dazu könnten Sie ihn fragen:

▨ *„Möchten Sie heute statt XXX mal YYY probieren?"*
So schaffen Sie es, den Kunden aus gewohnten Bahnen zu lenken und ihm mehr von Ihrem Sortiment zu bieten.

Beispiele für den Autoverkauf
▨ *„Welches Modell interessiert / begeistert Sie denn am meisten?"*
Sie bekommen hier sofort die ersten wichtigen Informationen. Diese Ansprache ist dann sinnvoll, wenn der Kunde sich vorher verschiedene Modelle in der Ausstellung angeschaut hat.

▨ *„Wollen Sie auch Benzin sparen?"*
▨ *„Wollen Sie auch vom geringen CO_2-Ausstoß profitieren?"*
▨ *„Welches Transportproblem darf ich Ihnen abnehmen?"*
Hier stellen Sie sich die Situation vor, wie der Interessent eine längere Zeit vor einem bestimmten Modell steht, sich hineinsetzt,

den Kofferraum öffnet und begutachtet usw. Durch Ihre Frage zur Begrüßung gehen Sie sofort auf ein Merkmal des jeweiligen Modells ein.

Beispiele aus dem Reisebüro

Was wollen Ihre Kunden, wenn Sie Ihr Reisebüro betreten? Worum geht es ihnen neben kompetenter Beratung und Tipps aus erfahrenem Munde? Es geht um Urlaub, die schönste Zeit des Jahres. Um Erholung, Spaß, Entdeckungen, sportliche Aktivitäten und vieles mehr. Gehen Sie direkt darauf ein. Eine klassische Standardfrage ist sicherlich:

▨ *„Wohin soll die Reise gehen?",*
denn Sie können davon ausgehen, dass ein grundsätzliches Reiseinteresse besteht. Die Frage ist nur, wann, wie lange und wohin der Interessent reisen möchte.

Oder Sie gehen direkt auf mögliche Gründe ein, die der Kunde haben könnte, um Urlaub zu machen:

▨ *„Wo wollen Sie sich denn erholen?"*
▨ *„Wo wollen Sie denn Ihre Bräune auffrischen, nette Leute kennen lernen, abspannen, Spaß haben, …?"*
▨ *„Was wollen Sie denn Neues entdecken?"*

Hier ist wieder Ihre Achtsamkeit gefragt: Wonach sieht der Kunde aus? Kommt er gehetzt und gestresst in den Laden? Hat er sich draußen die Werbung für einen Cluburlaub genauer angeschaut? Hat er sein Mountainbike vor dem Geschäft geparkt? All das können Hinweise auf das mögliche Reisemotiv sein. Wenn Sie mit Ihrem Argument (zum Beispiel Sporturlaub in Verbindung mit obigem Radfahrer) danebenliegen, sagt Ihnen der Kunde das schon: Sie bekommen sofort eine Antwort, etwa: „Nee, bloß nicht, ich brauche dringend eine Woche absolute Ruhe. Haben Sie da was?" Und ob Sie da etwas haben!

Beispiele aus dem Fotofachgeschäft

Weshalb fotografieren Menschen überhaupt? Wenn sie nicht gerade professioneller Fotograf sind oder ihre Fotos für etwaige Regressansprüche an obiges Reisebüro nutzen wollen, dann doch wohl, um sich an einen schönen Urlaub, an ein interessantes Wochenende oder an ein anderes angenehmes Erlebnis zu erinnern. Sprechen Sie das ruhig an, Ihr Kunde fühlt sich verstanden:

- *„Welche Erinnerungen wollen Sie denn verewigen?"*
- *„Wen oder was wollen Sie denn fotografieren?"*

Mit ein bisschen Glück bekommen Sie dabei zudem Informationen, die es Ihnen leichter machen, noch andere Produkte zu verkaufen. *„Oh, die Hochzeit Ihres Sohnes. Wir haben dort hinten auch schicke Bilderrahmen …"* Häufig denken Ihre Kunden in der Eile nicht daran, dass man die Fotos von der tollen Safari in Südafrika auch als Poster an die Wand hängen könnte. Durch diese Art der Ansprache eröffnen Sie ein neues Spielfeld. Wie immer gilt: Hinhören und die richtigen Schlüsse ziehen.

Beispiele für den Baumarkt Heben Sie sich wohltuend ab, indem Sie vor der Kundenansprache kurz innehalten und schauen, was der Interessent am Regal oder an der Aktionsgondel eigentlich macht und wonach er genau schaut. Dann gehen Sie direkt darauf ein.

- *„Was wollen Sie denn reparieren?"*
- *„Was wollen Sie denn Schönes bauen?"*
- *„Was renovieren Sie denn gerade?"*
- *„Welchen Raum wollen Sie verschönern?"*
- *„Mit welchem Modell wollen Sie Ihren Rasen pflegen?"*

Das sind alles offene Fragen, mit denen der Kunde sofort etwas anfangen kann. Und Sie sparen Zeit, weil Sie gleich wissen, worum es geht.

Beispiele aus der Modebranche Auch im Bekleidungsgeschäft stellt sich die Frage, warum Kunden überhaupt das Ladengeschäft betreten, was sie antreibt, welche Emotionen dahinterstecken. Manche brauchen nur irgendeine Jeans, manche suchen etwas Warmes für den Winter, aber die meisten wollen einfach gut aussehen, mit der Mode gehen. Also sprechen Sie das direkt an: Manchmal sehen Sie schon an der Art, wie Ihr Kunde gekleidet ist, in welche Richtung es gehen könnte. Seien Sie jedoch vorsichtig und stecken Sie den Kunden nicht in eine Schublade: Ein Mann in einem teuren Anzug kann auch nur ein paar normale Shorts suchen, eine alltäglich gekleidete Frau möchte vielleicht ein exklusives Kleid für einen besonderen Anlass kaufen.

- *„Was darf ich Ihnen Schickes zeigen?"*
- *„Für welchen Anlass suchen Sie denn etwas?"*
  Das sind recht neutrale Sätze, mit denen Sie sofort zum Punkt kommen.

Wenn der Kunde / die Kundin schon eine Weile vor einem Regal oder einem Verkaufsständer steht und das eine oder andere Kleidungsstück begutachtet, können Sie Ihr modisches Gespür unter Beweis stellen, indem Sie zum Beispiel wie folgt anfangen:

- *„Da haben Sie sich schon etwas Schönes ausgesucht."*
- *„Das Grün steht Ihnen richtig gut."*
- *„Das würde Ihnen bestimmt sehr gut stehen …"*
- *„Ich finde, das passt sehr gut zu Ihnen …"*
  Sie bestätigen die erste Auswahl des Kunden und schmeicheln ihm ein wenig. Natürlich sollten Sie das, was Sie empfehlen, auch ernst meinen. Die Jeans in Größe null passt den wenigsten wirklich gut, obwohl manche Kundinnen vielleicht eine etwas andere Meinung haben.

Wenn Sie Elektrogeräte wie zum Beispiel PCs, Hi-Fi-Anlagen oder Fernseher verkaufen: Zumeist sind dies emotionale Produkte, auch wenn der PC zur Arbeit verwendet wird – irgendein Image, irgendeine Emotion steckt hinter dem Kauf, finden Sie es heraus. Hier ist besonders Ihre Achtsamkeit gefragt. **Beispiele für Elektrofachmärkte**

- *„Was soll Ihr neues Notebook denn können?"*
  Eine klassische, sachliche Ansprache, mit der Sie sofort zur Sache kommen. Wenn Sie hier den Impuls haben, „Kann ich Ihnen helfen" zu fragen: Sie helfen Ihrem Kunden alleine schon mit dieser einen Frage.

Häufig stehen die Menschen in Scharen vor neuen Fernsehgeräten und bestaunen die Bildqualität, den Klang oder das Design. Meistens sind es Männer, die dort wie kleine Jungen unter dem Weihnachtsbaum stehen und leuchtende Augen haben. Sprechen Sie es an:

- *„Wollen Sie auch so eine tolle Bildqualität zu Hause haben?"*
- *„Toller Klang, oder?"*
- *„Angenehmes Bild, finden Sie nicht auch?"*

Der Kunde fühlt sich zu 99 Prozent sofort verstanden, weil Sie auf ihn geachtet und genau hingeschaut haben. Diejenigen, die nur einmal schauen und sich informieren wollen, sagen Ihnen das schon. Die wirklichen Interessenten, die, die kurzfristig vorhaben, sich ein solches Gerät zuzulegen, werden mit Ihnen ein Gespräch führen und noch mehr wissen wollen. Hier noch einmal der Hinweis auf die klare Sprache: Bleiben Sie auf der verständlichen Ebene und vergewissern Sie sich zwischendurch, ob der Kunde weiß, was „Digital Chrystal Clear" bedeutet und ob ihn das überhaupt interessiert.

Beispiele im Restaurant Der eine oder andere von Ihnen wird jetzt denken: Im Restaurant habe ich es noch nie gehört, dass mich jemand mit „Kann ich Ihnen helfen" angesprochen hat. Ich aber. Nicht oft, aber hin und wieder. Deshalb finden Sie auch für diesen Zweig ein paar Vorschläge, wie Sie Ihre Gäste begrüßen können. Neben den absolut legitimen Klassikern wie *„Haben Sie schon gewählt?", „Was darf's denn sein?"* oder *„Was darf ich Ihnen bringen?"* können Sie auch einmal versuchen:

- *„Was darf ich Ihnen LECKERES bringen?"*
  Durch dieses kleine Wörtchen „Leckeres" schaffen Sie eine Vorfreude auf das Essen, das Sie den Gästen servieren. Und wenn den Leuten das Wasser im Munde zusammenläuft, wird auch mehr getrunken. Auch das ist emotionales Verkaufen. In dieselbe Kerbe schlägt die nächste Formulierung:

- *„Was darf ich Ihnen Schönes kochen (lassen)?"*
  Ein Zusatzeffekt hierbei: Durch die besondere Betonung, dass Ihr Essen gekocht wird (was auch sonst – eigentlich?), entstehen

eine gewisse Nähe, ein Wohlbefinden und auch ein erstes Vertrauen in Sie und Ihre Küche. Zumeist nehmen wir die Köche in Restaurants und Hotels nicht wirklich wahr, wir denken in den seltensten Fällen darüber nach, wer in der Küche wirkt. Sie bringen hier Ihre Persönlichkeit ins Spiel.

Wem das alles nicht gefällt, dem sei hier noch ein Standardsatz ans Herz gelegt, den Sie problemlos in der „normalen" Gastronomie (nicht im Gourmet-Restaurant) anwenden können:

▪ *„Worauf haben Sie denn Hunger / Durst?"*
Denn darum sind die meisten Gäste bei Ihnen: um ihre Grundbedürfnisse zu stillen.

Als Verkäufer für Sportartikel stellen Sie sich die Frage: Warum treiben die Leute überhaupt Sport? Die einen wollen gesund bleiben oder werden, die anderen wollen eine schlanke Figur bekommen oder erhalten, wieder andere wollen Spaß haben, sich abreagieren und vom Alltagsstress ablenken oder etwas erleben und neue Leute kennenlernen. Das gilt es herauszufinden; häufig können Sie eine Tendenz schon daran erkennen, in welcher Abteilung, vor welchem Regal sich die Kunden genauer umschauen.

Beispiele aus dem Sportgeschäft

▪ *„Womit wollen Sie sich denn fit machen?"*
Diese Anrede könnte für einen Kunden oder eine Kundin sinnvoll sein, der oder die gerade vor einem Ständer voller Fitness-Kleidung steht und sich das eine oder andere Kleidungsstück an den Körper hält. Sie kommen hier unter Umständen sehr schnell ins Gespräch darüber, welche Sportart dieser Mensch betreibt, und haben dann Anhaltspunkte dafür, was vielleicht noch interessant sein könnte.

▪ *„Was wollen Sie denn für Ihre Gesundheit tun?"*
So bin ich angesprochen worden, als ich ein Sportgeschäft betrat, um Laufschuhe zu kaufen. Nachdem der Verkäufer und ich uns gegenseitig erzählt hatten, wann wir wo und wie und wie oft laufen, habe ich entgegen meiner ursprünglichen Absicht noch einen kompletten Satz Laufbekleidung mitgenommen.

In einem großen Fachgeschäft für Sportartikel in Köln stand einmal eine etwa 40-jährige Dame in der Trekking-Abteilung vor dem Regal mit den dazugehörigen Schuhen. Eine Verkäuferin näherte sich ihr mit den Worten:

■ *„Guten Morgen, was haben Sie denn Tolles vor?"*
Die beiden Damen kamen sofort in ein angeregtes Gespräch darüber, wohin man überall reisen kann, um schöne Trekking-Touren zu erleben.

Beobachten Sie Ihre Kunden genau und sprechen Sie sie individuell an.

Damit heben Sie sich angenehm von der Masse der Wettbewerber ab.

Wie Sie Kunden kreativ ansprechen

Kreativität erfordert Mut Der Übergang von der persönlichen zur kreativen Ansprache ist fließend: Auch bei der vermeintlich normalen Anrede ist hin und wieder Fantasie gefragt. Was den Unterschied ausmacht, ist, dass Sie bei der kreativen Ansprache noch achtsamer sein sollten, was die Einschätzung Ihrer Kunden anbetrifft. Zu einigen Formulierungen gehört nämlich eine gehörige Portion Mut und Einfühlungsvermögen, um das Risiko einer „falschen" Ansprache zu minimieren.

Wenn Sie bei den obigen Beispielen auf die Bedürfnisse eingegangen sind, die Ihre Produkte bedienen, und natürlich auf den Kunden, kommt hier Ihre Persönlichkeit mit ins Spiel. Fragen Sie sich immer, ob bestimmte Formulierungen wirklich zu Ihnen passen, und nehmen Sie die Vorschläge, die nun kommen, als Möglichkeiten an, variabel auf Ihre Kundschaft einzugehen. Auch hier zunächst wieder einige branchenübergreifende Beispiele:

■ *„Womit kann ich Sie zum Lächeln bringen?"*

Beispiele für fantasievolle Begrüßungen

Egal, in welcher Branche Sie arbeiten: Wenn Sie der Meinung sind, dass Ihr Kunde etwas mehr Lächeln im Gesicht vertragen könnte und Ihre Produkte das auch hergeben, ist das immer wieder eine schöne Möglichkeit, den Interessenten aufzumuntern. Mit ein wenig Feingefühl in der Stimme ist die Erfolgschance sehr hoch, dass Sie einen treuen Kunden gewinnen.

■ *„Womit kann ich Sie begeistern?"*
Ähnlich wie beim ersten Beispiel sprechen Sie hier die Gefühlswelt des Kunden an und die Hoffnung, dass es bei Ihnen wirklich etwas gibt, was den anderen begeistern wird.

Ein Verkäufer in einem Elektrofachmarkt bekam einmal mit, wie sich zwei junge Männer auf dem Weg in seine Abteilung lachend unterhielten und der eine zum anderen sagte: „Wetten, dass die das hier auch nicht haben?" Er konterte mit einer Gegenfrage:

■ *„Wetten, dass ich Ihnen das gleich verkaufen werde?"*
Er sagte das mit einem spitzbübischen Grinsen im Gesicht und konnte sich fast sicher sein, zum Erfolg zu kommen, da er vorher genau hingeschaut und -gehört hatte. Er war nämlich so wachsam, dass er genau wusste, dass die jungen Männer ein Produkt suchten, welches er anbieten konnte. Das war klug. Anders herum kann der Schuss nämlich nach hinten losgehen: Je frecher Sie Ihren Kunden ansprechen, umso kritischer wird er, wenn Sie Ihr Wort nicht halten können.

- -

Versprechen Sie nie mehr, als Sie halten können.

Auch zum kreativen Gesprächseinstieg finden Sie wieder einige Beispiele aus unterschiedlichen Branchen.

■ *„Womit wollen Sie sich denn neu motivieren?"*

Beispiele aus dem Sportgeschäft

Auch wenn diese Frage ebenso im vorigen Unterkapitel hätte stehen können, so geht diese Formulierung doch noch einen kleinen Schritt weiter. Neue Sportkleidung zum Beispiel kann sehr motivierend sein, das Training wieder aufzunehmen oder zu intensivieren: Also sprechen Sie diesen Effekt ruhig an, vielleicht bringt Ihnen das sogar ein Zusatzgeschäft ein, da der Kunde eigentlich etwas ganz anderes kaufen wollte.

■ *„Welche Muskeln wollen Sie denn aktivieren?"*
Eine kreative Art, den Kunden zu fragen, was Sie für ihn tun können. Dynamisch und mit einem Lächeln im Gesicht kann das sehr motivierend auf Ihre Kundschaft wirken.

Beispiele aus der Hi-Fi-Abteilung

■ *„Wie viel Bass brauchen Sie denn?"*
■ *„Welche Musik hören Sie denn so gerne, dass Sie sich für so tolle Lautsprecher interessieren?"*
Bei beiden Einstiegsfragen stand jeweils ein Kunde vor riesigen Lautsprecherboxen, die ihm beinahe Tränen der Begeisterung in die Augen trieben. Sie zielen darauf ab, herauszufinden, ob diese wahrlich guten und teuren Lautsprecher wirklich für den jeweiligen Musikgeschmack geeignet sind. Sie sorgen damit aktiv dafür, dass Ihr Kunde das Richtige kauft und gerne zu Ihnen zurückkommt, wenn es darum geht, die nächste Anlage zu erwerben.

Beispiele aus der Modebranche

Motivieren Sie Ihre Kundinnen und Kunden, sprechen Sie ihnen Mut zu, wenn es nötig scheint, und bestärken Sie sie in ihrem Geschmack und in ihrer Wahl, wenn es angebracht ist.

■ *„Sie beweisen Stil, wenn Sie sich dafür interessieren."*
Wenn Sie wirklich meinen, was Sie da sagen, ist das pure Motivation für Ihre Kunden.

■ *„Womit wollen Sie sich denn eine Freude bereiten?"*
■ *„Womit wollen Sie denn glänzen?"*
■ *„Damit fallen Sie bestimmt positiv auf."*
■ *„Was wollen Sie sich denn Schönes gönnen?"*
Hier sprechen Sie die Lifestyle-Bedürfnisse Ihrer Kundschaft an: auffallen, im Mittelpunkt stehen, Wellness und sich etwas Gutes tun.

- *„Womit wollen Sie denn den Strand erobern?"*
- *„Was soll Sie denn durch die kalten Tage bringen?"*
  Je nachdem, wo Ihr Kunde sich gerade befindet, nehmen Sie direkt Bezug auf den möglichen Kaufgrund. Steht eine Kundin vor den aktuellsten Strandkleidern, bietet sich die erste Formulierung als Mutmacher und Unterstützer förmlich an. Ist es Herbst und der Winter kündigt sich an, dann können Sie die zweite Formulierung ausprobieren.

In der Dessous-Abteilung hörte ich einmal folgende Frage:

- *„Womit wollen Sie denn heute Ihren Mann überraschen?"*
  Auch eine Möglichkeit der Kundenansprache, oder?

Die folgenden Formulierungen zeigen, dass jede Menge möglich ist, wenn man sich kreativ und fantasievoll mit seinem Job, seinen Produkten und vor allem mit seinen Kunden beschäftigt:

Beispiele für Navigationsgeräte

- *„Sind Sie es auch leid, sich ständig zu verfahren?"*
- *„Wollen Sie endlich wirklich sehen, wohin die Reise geht?"*
- *„Auch keine Lust mehr auf faltbare Stadtpläne?"*
- *„Wie wollen Sie denn ans Ziel gelangen?"*

Hier werden die Ärgernisse des Autofahrens angesprochen und direkt mit einer Lösung verbunden.

Ein Restaurantbesitzer sprach seine Gäste einmal folgendermaßen an:

Beispiel aus der Gastronomie

- *„Womit können wir Ihrem Gaumen eine Freude bereiten?"*
  Sehr hochtrabend, meinen Sie? Vielleicht doch eher Selbstironie, denn es handelte sich um ein sehr einfaches Schnellrestaurant. Durch diese gezielte Übertreibung munterte er seine Gäste auf.

Manche Verkäufer stehen ganz knapp am Rande des Erlaubten. Als ein Kunde in einem Fotogeschäft vor den Digitalkameras stand, näherte sich eine attraktive Verkäuferin von hinten mit den Worten:

Beispiel aus dem Fotogeschäft

■ *„Wie scharf dürfen denn die Fotos sein?"*
Ein Schelm, wer Böses dabei denkt …

Worauf Sie im Außendienst achten müssen

Wie in der Einleitung dieses Kapitels bereits erwähnt, sind Sie es hier, der den Kunden besucht und nicht umgekehrt wie im Einzelhandel. Das bedeutet, dass Sie nicht die Möglichkeit haben, sich den Kunden vorher genau anzuschauen und achtsam wahrzunehmen, was ihn wohl interessieren und zum Kauf ansporen könnte: Sie haben ganz andere Chancen, durch Ihre Art der Ansprache das Verkaufsgespräch in umsatzträchtige Bahnen zu lenken.

Auf die Vorbereitung kommt es an Ob Sie einen Kunden zum ersten oder bereits zum zehnten Mal besuchen: Wichtig ist, dass Sie vorab Ihre Hausaufgaben machen, sprich sich gut auf den Besuch vorbereiten – auch und gerade bei Kunden, die schon lange bei Ihnen kaufen. Bieten Sie auch Ihren Stammkunden immer wieder etwas Neues, machen Sie sich immer wieder Gedanken über eine Ausweitung der Zusammenarbeit, überraschen Sie den Geschäftspartner durch eine neue Art der Ansprache: Fühlen Sie sich in einer solchen Geschäftsbeziehung nicht zu sicher. Wie funktioniert das? Schauen Sie am Abend vor dem Besuch noch einmal in Ihre Unterlagen und haben Sie den Mut, einmal etwas auszuprobieren. Worüber könnten Sie mit Ihrem Kunden sprechen? Womit fangen Sie an? Wenn Sie sich darüber im Vorfeld Gedanken machen, fällt Ihnen der Einstieg in ein konstruktives Gespräch sehr viel leichter.

Finden Sie Anknüpfungspunkte zum letzten Gespräch mit Ihrem Kunden, zeigen Sie durch Ihre Ansprache ehrliches Interesse und haben Sie den Mut, kreativ zu sein.

Stellen Sie sich bei der Gesprächsvorbereitung beispielsweise folgende Fragen:

- Worüber haben Sie beim letzten Besuch gesprochen?
- Was / welche Artikel haben Sie geliefert?
- Was ist aus eventuellen Reklamationen geworden?
- Wie ist der Test mit dem Produkt gelaufen, das Sie beim letzten Besuch dort gelassen haben?
- Was ist aus dem Plan X Ihres Kunden geworden?
- Hat er den Auftrag bekommen, über den er gesprochen hat?

Notieren Sie sich die Punkte, die für den Besuch interessant sind. Dann können Sie beginnen: Sie haben genügend Futter für ein zielführendes Verkaufsgespräch und für einen konstruktiven und professionellen Einstieg.

Sachliche Gesprächseröffnung

Sie haben immer die Wahl zwischen einer sachlichen Kundenansprache und einer eher beziehungsorientierten Gesprächseröffnung. Hier kommen zunächst einige Vorschläge zur sachlichen Eröffnung, die sich entweder auf das letzte Gespräch beziehen oder auf allgemeine Dinge in Ihrer gemeinsamen Geschäftsbeziehung.

- *„Wie waren Sie mit der Lieferung zufrieden?"*
- *„War die Lieferung pünktlich und vollständig bei Ihnen?"*
  Diese Fragen bieten sich vor allem bei einem neuen Kunden an: Sie holen sich so ein direktes Feedback auf Ihre Leistung ab und zeigen ihm, dass Sie sich um ihn kümmern. Allerdings freuen sich auch Stammkunden darüber, wenn Sie ihnen hin und wieder Ihre Wertschätzung zeigen.

Beispieleröffnung bei einem Neukunden

- *„Ist die Reklamation zu Ihrer Zufriedenheit bearbeitet worden?"*
  Hier können Sie sich Ihren Kunden zum Freund machen. Eine vernünftige und kulante Reklamationsbearbeitung schafft neues Vertrauen. Vergewissern Sie sich sicherheitshalber vor dem Gespräch, wie der Stand der Dinge in Ihrem Hause ist, damit Sie keine Überraschungen erleben und auf eventuellen Kundenärger vorbereitet sind.

Im Außendienst haben wir häufig die Gelegenheit, unser Können mit Testprodukten unter Beweis zu stellen. Wenn der Kunde sich nicht sofort entscheiden kann oder will, lassen Sie ihm, wenn es Ihnen möglich ist, einen Artikel zur Probeanwendung da, damit Sie einen Grund haben, ihn ein weiteres Mal zu besuchen, um ihn von Ihren Vorzügen zu überzeugen. Ihre ersten Worte könnten hierbei wie folgt lauten:

- *„Was halten Sie denn von dem Testprodukt, das ich Ihnen dagelassen habe?"*
- *„Wie ist der Test gelaufen?"*
- *„Wie zufrieden sind Sie denn mit dem Test?"*
- *„Was sagt Ihr Kunde zu dem Testprodukt?"*
- *„Wie war für Ihre Mitarbeiter das Arbeiten mit unserem Testprodukt?"*

Lassen Sie den Kunden in Ruhe erzählen und hören Sie aktiv hin. Es ergeben sich oft genug neue Ansatzpunkte, auch wenn der Test nicht ganz so erfolgreich verlaufen sein sollte.

Hat Ihnen der Kunde beim letzten Besuch oder vor längerer Zeit einmal etwas davon erzählt, dass er vielleicht umziehen wird, sich vergrößern möchte oder ähnliche Dinge? Dann kommen Sie ruhig am Anfang eines Gesprächs darauf zurück: Er wird sich freuen, dass Sie sich noch daran erinnern können, auch wenn er es Ihnen nicht direkt zeigen mag.
- *„Wie steht es denn mit Ihren Umzugsplänen?"*

Ebenfalls eine Frage Ihrer Aufmerksamkeit ist es, wenn Sie darauf eingehen, dass Ihr Kunde auf einen bestimmten Auftrag eines seiner Kunden wartet. Fragen Sie ruhig nach, auch wenn Sie selbst in diesem speziellen Fall nicht davon profitieren werden: Wenn Sie sich mit Ihrem Kunden gemeinsam über seinen Auftrag freuen können, kommt das über kurz oder lang auf Sie zurück, und zwar positiv.

- *„Was ist aus Ihrem Angebot an Firma X geworden?"*
- *„Haben Sie denn den großen Auftrag bekommen, auf den Sie vor vier Wochen gewartet haben?"*

Sollte Ihr Kunde dann missmutig verneinen, fürchten Sie nicht, dass das die Stimmung herunterziehen muss. Versuchen Sie vielmehr, gemeinsam mit ihm neue Wege zu finden, und zeigen Sie Verständnis für seinen eventuellen Ärger. Das kann die persönliche Beziehung zwischen Ihnen ungemein vertiefen.

Ansprache auf der Beziehungsebene

Wenn Sie den Kunden gut kennen und das Gefühl haben, dass es angebracht ist (Achtsamkeit ist hier gefragt), dann versuchen Sie es doch auf der Gefühlsebene anhand von Anknüpfungspunkten aus vergangenen Gesprächen. Das kann ein Bezug auf die letzten Worte Ihres Kunden beim vorangegangenen Besuch sein (*„Ich fahre jetzt ins Stadion und schaue mir … an!"*) oder die auffallend gesunde Gesichtsfarbe, die auf einen Urlaub schließen lässt. Damit können Sie die Situation auflockern und eine gute Atmosphäre schaffen.

Mit einer Prise Humor gewürzt könnte eine solche Ansprache lauten:

■ *„Empfangen Sie mich heute Morgen, obwohl Ihr Verein gegen meinen Lieblingsclub verloren hat?"*

Wenn Ihr Kunde nicht allzu fanatischer Anhänger seines Vereins ist, wird er Ihnen höchstwahrscheinlich eine passende Antwort dazu geben, die den Gesprächseinstieg erleichtern und auflockern wird. Das ist *eine* Möglichkeit, ihn anzusprechen. Sie kennen Ihren Kunden besser als ich: Finden Sie aufmerksam heraus, was zu ihm passt.

Aber bitte zwingen Sie den anderen nicht auf die Beziehungsebene: Beobachten Sie Ihren Kunden genau. Den meisten Menschen sieht man es an, ob ihnen nach einem Small Talk ist oder nicht. Zu viel gut gemeintes „Blabla" kann negativ aufgenommen werden, nämlich dann, wenn der Angesprochene gerade ganz andere Sorgen hat.

Vorsicht vor zu viel Gefühl

Emotionales Verkaufen heißt auch, auf der Sachebene zu bleiben, wenn der Kunde es so will.

Ob Sie nun im Außendienst Ihre Kunden besuchen oder im Einzelhandel Ihre Waren an den Mann bringen: Es kommt bei der Kundenansprache immer darauf an, das Gespräch so zu eröffnen, dass der Partner sofort merkt, dass Sie ihn wirklich wahrnehmen, ein Ohr für ihn haben und hellwach sind.

Das Wichtigste in 7 Schritten

1. Die richtige Kundenansprache ist eine der Grundlagen für Ihren Verkaufserfolg.
2. Geben Sie Ihrem Kunden das Gefühl, mit seinen Wünschen und Anliegen willkommen zu sein.
3. Sprechen Sie den Kunden so an, wie es zu Ihnen und zu ihm passt.
4. Jeder Kunde hat es verdient, individuell angesprochen zu werden.
5. Eine kreative Kundenansprache braucht Ihre volle Achtsamkeit und Mut, Neues auszuprobieren.
6. Machen Sie schon bei der Gesprächseröffnung den Nutzen Ihrer Produkte deutlich.
7. Bereiten Sie sich im Außendienst so gut auf die Gespräche vor, dass Sie bereits im Vorfeld wissen, wie Sie sinnvoll, zielführend und individuell beginnen wollen.

---

6. Emotionaler Nutzen: Ergänzen Sie Ihre klassische Argumentation

Bis vor wenigen Jahren war die Wissenschaft der Meinung, dass bis zu 70 Prozent aller Kaufentscheidungen „im Bauch" getroffen werden. Mittlerweile ist erwiesen, dass jeder Kauf auf einer Emotion basiert, die in unserem Unterbewusstsein entsteht. Zwar gibt es vermeintlich rationale, sprich vernunftorientierte Käufe, aber auch diese gründen auf Emotionen. Die an sich vernünftige Orientierung an Kosten kann beispielsweise auf Folgendem beruhen auf dem Gefühl, überleben zu müssen, wenn nicht genügend Geld zur Verfügung steht (Selbsterhaltungstrieb/Existenzangst), darauf, dass dem Kunden ein Produkt nicht mehr wert ist, oder auf dem Wunsch, dazuzugehören – manchmal liegt Sparen einfach im Trend.

Nicht gerade gefühlsbeladen ist auf den ersten Blick der Heizölkauf. Normalerweise können Sie davon ausgehen, dass die Preise nahezu alle gleich sind. Zwar warten viele Kunden ab, bis der Ölpreis zum Beispiel in den Sommermonaten sinkt, aber dann stehen sie vor einem Dilemma: Wo soll man das Öl kaufen, wenn die Preise überall dieselben sind? Meistens werden sie sich dort eindecken, wo die Emotionen sie hintreiben: Der eine kauft sein Öl dort, wo er es schon immer gekauft hat („Man kennt sich gut", Motiv Vertrauen), der andere kauft es dort, wo er denkt, dass die Marke eine höhere Qualität garantiert (was natürlich Einbildung ist), wieder andere kaufen nur bei ortsansässigen Händlern, vielleicht weil sie an die Kosten für die Umwelt denken.

Selbst Heizöl wird emotional gekauft

Jeder Kaufentscheidung liegt eine Emotion zugrunde.

Der Kunde kauft einen Vorteil
Ihre Aufgabe als Verkäufer ist es, genaue diese Emotion, diesen Beweggrund für den Kauf herauszufinden. Wie das funktioniert, können wir mitunter aus der Fernsehwerbung lernen:

■ *„Damit Sie auch morgen noch kraftvoll zubeißen können."*

Dieser Werbeslogan für eine bekannte Zahnpasta-Marke sagt alles aus, was wir für einen erfolgreichen Verkaufsabschluss brauchen: einen wirklichen Nutzen. Hier ist nicht die Rede davon, welche Inhaltsstoffe in dieser Zahnpasta enthalten sind, sondern hier wird die Frage beantwortet: „Was habe *ich* davon?" Der Kunde will wissen, was es *ihm* bringt. Wenn Sie es schaffen, ihm seinen emotionalen Spiegel vorzuhalten, indem Sie seine Wünsche und hintergründigen Bedürfnisse offenlegen, haben Sie es wesentlich leichter, zum Auftrag zu kommen. Häufig müssen Sie dann noch nicht einmal eine Abschlussfrage stellen, da der Kunde von sich aus sagt, dass er das Produkt haben will oder Ihre Dienstleistung in Anspruch nehmen möchte. Sie selbst müssen ihn dann nur noch in seiner Entscheidung unterstützen, seine Wahl bestätigen.

Wie die klassische Nutzenargumentation funktioniert

Natürlich wurde im Verkauf immer schon mit dem Nutzen argumentiert. Fangen wir mit Beispielen aus der Praxis an:

Sie sind Verkäufer von Dekupiersägen und einer der Top-Vorteile Ihrer Maschinen ist die Laufruhe. Das Sägeblatt wackelt im Betrieb nicht hin und her, es läuft gerade und exakt. Punkt. Ja und? Gehen Sie nun einen Schritt weiter und fragen Sie sich: Was bedeutet das? Was haben die Kunden im Allgemeinen davon, dass Ihre Sägen die laufruhigsten der Welt sind? Richtig, die Schnitte werden exakter und sauberer, das Werkstück sieht nach getaner Arbeit einfach schöner aus. Das ist ein Nutzen.

*Oder: „Dieses Auto hat eine eingebaute Start-Stopp-Automatik."
Belassen Sie es nicht dabei und erklären Sie hier beispiels-weise, dass
das den Benzinverbrauch nach unten drückt.*

Wenn ein Verkäufer eines großen Telekommunikationskonzerns einer 75-jährigen Dame erklärt, dass der neue TV-Receiver die Fernsehkanäle über die „IP-Adresse" empfängt, darf er ruhig hinterherschieben, dass dadurch der Kabelanschluss, der jeden Monat 16 Euro kostet, hinfällig wird. Die Erklärung alleine, das Erwähnen des technischen Merkmals bringt Sie nicht weiter. Die wenigsten Kunden fragen nach; die meisten nicken nur und schweigen nachdenklich. **Den Sinn hinter der Technik erklären**

Für Sie heißt das: Überlegen Sie sich im ersten Schritt, welche positiv zu erwähnenden Merkmale Ihr Produkt oder Ihre Leistung hat, formulieren Sie dann einen Satz wie „Das bedeutet für Sie …" oder „Das heißt …" und nennen Sie den Nutzen, den das Produkt für die Kunden allgemein hat oder haben könnte.

In Kurzform erklären Sie den allgemeinen Nutzen folgendermaßen:
1. Produkt-Detail / -Eigenschaft / -Merkmal
2. Verbindungssatz, wie: „Das bedeutet …", „Das hat den Vorteil …"
3. Der Nutzen
4. Die Bestätigungsfrage, etwa: „Wäre das was für Sie?", „Ist es das, was Sie wollen?"

Die Schritte der allgemeinen Nutzenargumentation

- -

Nehmen Sie sich ein Produkt Ihrer Lieferpalette oder einen Teil Ihrer Dienstleistung vor und notieren dies in der nächsten Zeile.

Ihr Produkt: _____
Nun finden Sie drei Merkmale, die dieses Produkt besitzt:

Merkmal 1: _____

Merkmal 2: _____

Merkmal 3: _____

Welchen allgemeinen Nutzen haben diese Merkmale? Was hat die Mehrheit Ihrer Kundschaft davon?

Nutzen zu 1: _____

Nutzen zu 2: _____

Nutzen zu 3: _____

Wenn es Ihnen nicht leichtgefallen sein sollte, schauen Sie sich doch noch einmal die Auswahl der menschlichen Bedürfnisse in Kapitel 4 an und überlegen Sie, aus welchem Grund Sie Ihre eigenen Produkte kaufen würden. Das würden Sie doch, oder? Denken Sie im Anschluss an die Nutzennennung unbedingt daran, wirklich die Bestätigungsfrage zu stellen: Sie gibt Ihnen und dem Kunden die Sicherheit, dass Sie über dasselbe Thema sprechen.

Formulieren Sie den Nutzen so konkret wie möglich.

Das klassische Argument „Dadurch sparen Sie Zeit und Geld" ist nicht von der Hand zu weisen, wenn es der Wahrheit entspricht, nur haben wir alle diesen Satz schon so häufig gehört, dass er fast zur Floskel verkommen ist. Versuchen Sie, wenn möglich, die Zeitersparnis zu beziffern, dann wirken Sie glaubwürdiger, das schafft das für Ihren Verkaufserfolg so wichtige Vertrauen.

Beispiel „Weiße Ware"

■ *„Unsere Wäschetrockner benötigen 10 Prozent weniger Trockenzeit. Dadurch schaffen Sie in Ihrer Wäscherei am Tag acht Maschinen mehr."*

■ *„Diese Waschmaschine braucht nur 30 Liter pro Waschgang. Das spart Ihnen im Monat circa 250 Liter ein."*

Wenn Sie Ihre Hausaufgaben regelmäßig machen und den jeweiligen Nutzen kennen, erspart das auch Ihnen Zeit und Geld: Sie müssen erstens nicht so viel reden und argumentieren und verdienen zweitens dadurch mehr Geld, dass Sie Ihren Kunden das für sie richtige Produkt verkaufen. Drittens sparen Sie Geld ein, weil die Gespräche automatisch kürzer werden und Sie sich um den nächsten sehnsüchtig auf Sie wartenden Kunden kümmern können. Wenn Sie diese Punkte beherzigen, sind Sie schon ganz weit vorne. Sie heben sich angenehm von den meisten Ihrer Verkäuferkollegen ab. Und auch das schafft das nötige Vertrauen in Sie und Ihre Produkte.

Wie Sie mit Emotionen arbeiten

Bisher haben wir den allgemeinen Nutzen eines Produkts behandelt, aber wie sieht es mit dem persönlichen Nutzen aus? Kauft jeder Kunde ein Produkt aus demselben Grund wie Sie? Nein, für den einen ist es wichtig, pünktlich nach Hause zu kommen, der andere will seine Ruhe haben, wiederum andere wollen das Neueste vom Neuen besitzen.

Nehmen Sie die Informationen, die Sie durch Fragen und aktives Hinhören erhalten haben, als Grundlage für Ihre emotionale Nutzenargumentation.

Wahrscheinlich wird Ihnen Ihr Kunde niemals sagen, wie hervorragend Sie seine Wünsche herausgefunden haben, aber er wird es Ihnen danken, indem er immer wieder zu Ihnen kommt. Mit der emotionalen Nutzenargumentation kommen Sie häufig auch aus ausweglosen Situationen wieder heraus und bekommen den Auftrag doch noch.

Einer meiner Kunden ist ein Recycling-Unternehmen aus Norddeutschland. Ich hatte dort schon mehrere Seminartage geleitet, bei denen es darum ging, die Mitarbeiter vor Ort auf den Deponien und **Beispiel: Zeitersparnis** *in der telefonischen Auftragsannahme so zu trainieren, dass sie besonnener mit Reklamationen umgehen. Denn jedes Mal, wenn sich Reklamationen hochschaukelten, riefen erboste Bürger bei meinem Ansprechpartner an, was ihn natürlich geärgert und von seiner eigentlichen Arbeit abgehalten hat. Besonders im Frühjahr, wenn die Gartensaison losgeht, ist dort immer Hochbetrieb.*

Eines Morgens im Februar dachte ich, es sei wieder einmal Zeit für ein Seminar bei diesem Kunden, und rief ihn an: Er teilte mir mit, dass er momentan überhaupt keine Zeit habe, sich um dieses Seminar zu kümmern, obwohl es bisher ja immer so viel gebracht habe.

Was nun? Mit dem allgemeinen Nutzen, wozu ein solches Training gut ist, kam ich nicht weiter. Er selbst war jedes Mal mit dabei und begeistert. Da fielen mir seine Worte aus dem Vorjahr ein: „Ich möchte im Frühjahr mal einen Montag haben, an dem ich in Ruhe arbeiten kann und mich nicht mit aufgeregten Bürgern auseinandersetzen muss. Da werde ich noch wahnsinnig drüber!" Mein entscheidender Satz an dieser Stelle des Telefonats war: „Wenn wir das Seminar noch im März durchführen, sind Ihre Mitarbeiter frisch im Thema zur Hochsaison (Merkmal). Sie werden wesentlich ruhiger auf die verärgerten Kunden reagieren (allgemeiner Nutzen) und Sie können ganz beruhigt Ihrer Arbeit nachgehen (emotionaler Nutzen)."

Häufig verschieben Ihre Kunden schon fast erteilte Aufträge deshalb, weil sie den aktuellen Nutzen nicht erkennen: Sie denken zwar positiv über Ihr Angebot nach, finden auch alles gut, aber am Ende werden andere Prioritäten gesetzt. Dann kommen Sätze wie „Wir müssen erst einmal die Lagerware verkaufen" oder „Ich habe im Moment keinen Kopf für so etwas". Deshalb ist es eminent wichtig, wirklich hinzuhören: Wir können mit unseren Produkten und Leistungen bei unseren Kunden leider nicht immer die Nummer eins sein (dann wären wir es ja alle), wir sollten es aber regelmäßig versuchen. Häufig verstecken sich die nötigen Hinweise zwischen den Zeilen: Dann haben Sie als aktive Hinhörer einen uneinholbaren Vorsprung.

Allerdings bewirkt der emotionale Nutzen herzlich wenig, wenn Sie nicht wenigstens das zu 90 Prozent passende Angebot für Ihren Kunden haben und wenn Sie den allgemeinen Nutzen nicht glaubhaft darstellen können. Das ist umso wichtiger, wenn Ihr Kunde die Ware weiterverkauft. Er muss wissen, wozu dieser Artikel gut ist, und er braucht eine gewisse Sicherheit, dass die Produkte das Lager oder die Ausstellungsfläche in einem überschaubaren Zeitrahmen wieder verlassen – und zwar bezahlt.

Der emotionale Nutzen kann niemals das einzige Verkaufsargument sein, aber er ist der Kaufauslöser.

Schauen wir uns noch einmal das Beispiel von oben an:
- *„Diese Waschmaschine braucht nur 30 Liter pro Waschgang. Das spart Ihnen im Monat circa 250 Liter ein."*

Was könnte hier ein emotionaler Nutzen sein, wenn der Kunde Ihnen vorab erzählt hat, dass seine alte Waschmaschine so viel Wasser verbraucht, dass er sich aus Kostengründen kaum noch in die Badewanne traut? Zum Beispiel:
- *„250 Liter Ersparnis bedeuten für Sie vier Mal im Monat ein Wannenbad."*

Das hat gewirkt! Selbstverständlich sollte die Bedienung in diesem Falle einfach und logisch sein, natürlich sollte die Maschine nicht zu teuer sein, aber der emotionale Auslöser war zunächst die Wasserersparnis und dann als i-Tüpfelchen die Aussicht auf stundenlanges Baden in heißem Wasser.

In Kurzform argumentieren Sie wie folgt den emotionalen Nutzen:

Die Schritte der emotionalen Nutzenargumentation

1. Produkt-Detail / -Eigenschaft / -Merkmal
2. Verbindungssatz, wie: „Das bedeutet …", „Das hat den Vorteil …"
3. Der *allgemeine* Nutzen
4. „Für Sie persönlich heißt/bedeutet das …"
5. Der *emotionale* Nutzen
6. Die Bestätigungsfrage, zum Beispiel: „Wäre das was für Sie?", „Ist es das, was Sie wollen?"

Halten Sie dem Kunden den emotionalen Spiegel vor, indem Sie die Bestätigungsfrage stellen.

Alternativ:
Mit dem
emotionalen
Nutzen einsteigen

Es geht aber auch anders herum, indem Sie Spannung aufbauen und den emotionalen Nutzen zuerst nennen und dann erst auf die sachliche Ebene wechseln. Nennen wir es „Interessewecker":

„Lieber Kunde, Sie sagten beim letzten Besuch, dass Ihnen von Ihren Winkelschleifern jeden Abend die Arme ‚brummen'. Ich habe ein Gerät für Sie, bei dem Sie abends garantiert noch Ihrem Golfsport nachgehen können."

Sie erregen mit einem solchen Satz schon einmal positive Aufmerksamkeit, der Kunde ist nun neugierig auf das, was Sie ihm bieten wollen. Jetzt haben Sie die Gelegenheit, ihm zu demonstrieren oder – noch besser – ihn selbst erfahren zu lassen, dass Sie recht haben. Achten Sie hierbei auf eine positive Formulierung: Der Hinweis, dass er nun wieder mit ruhigen Armen Golf spielen kann, ist wirksamer, als eine negative Aussage wie „Ich habe ein Produkt für Sie, bei dem Sie keine zittrigen Hände mehr bekommen". Dieser Satz ist nicht falsch, aber positiv gewendet kommen Sie eher zum Ziel.

Versuchen Sie sich noch einmal an Ihrer Nutzenargumentation aus dem vorigen Unterkapitel und stellen Sie sich nun Ihre drei besten Kunden vor. Diejenigen, die Sie vermeintlich auch am besten kennen. Was könnte für jeden einzelnen dieser Kunden ein emotionaler Nutzen Ihrer herausgestellten Merkmale sein?

Ihr Produkt: _____

Merkmal 1: _____

Merkmal 2: _____

Merkmal 3: _____

Emotionaler
Nutzen zu 1: _____

_____

_____

Emotionaler   '
Nutzen zu 2: _____

_____

_____

Emotionaler
Nutzen zu 3: _____

_____

_____

Haben Sie zu jedem Merkmal etwas gefunden, das Ihre Lieblingskunden antreibt? Wenn es Ihnen leichtgefallen ist: Gratulation, Sie
kennen Ihre Kunden wirklich gut. Von wie vielen Ihrer Kunden
können Sie das behaupten? Häufig wissen wir von unseren kleine-
ren Kunden nicht so viel. Da stellt sich automatisch die Frage, warum das dann unsere umsatzschwachen Kunden sind. Vielleicht
eben weil wir so wenig über sie wissen? Finden Sie es heraus. Wenn
Ihnen diese Übung schwergefallen sein sollte, dann nehmen Sie
sich die Zeit, die Kaufauslöser Ihrer Kunden in Erfahrung zu bringen. In Kapitel 3 finden Sie genügend Formulierungsvorschläge, wie
Sie an diese Informationen gelangen können.

Hier folgen wieder einige branchenübergreifende Anregungen, welchen allgemeinen und welchen emotionalen Nutzen Ihre Produkte und Dienstleistungen haben könnten. Sie sind erfolgreich angewendet worden, allerdings sei hier nochmals betont, dass es auf den jeweiligen Menschen ankommt, der Ihnen gegenübersteht. Spannend wird es, wenn Sie Anregungen aus anderen Branchen für sich und Ihre Zielgruppe übernehmen. Lassen Sie sich inspirieren und probieren Sie einfach mal etwas Neues aus.

Beispiele aus dem Baumarkt

- *„Der Akkuschrauber XY hat einen ergonomisch geformten Griff. Das bedeutet für Sie, dass Sie bei längerer Anwendung keine Schwielen mehr an den Händen haben. Ihr Tennis-Training ist gesichert.“*
- *„Dieser Winkelschleifer ist besonders vibrationsarm: Sie können länger damit arbeiten und sind früher mit Ihrem Werk fertig, damit Sie Ihre restaurierten Möbel noch vor Sonnenuntergang bewundern können.“*
- *„Diese Kettensäge ist mit beheizbaren Griffen ausgestattet. Damit können Sie auch im Winter sicher arbeiten, da Sie dadurch mehr Gefühl in Ihren Händen haben.“*

Allgemeine Beispiele aus Industrie und Handel

- *„Unser 24-Stunden-Abholservice sichert Ihnen eine durchgängige Fertigung ohne Maschinenstillstand. Sie können sich beruhigt auf das Wesentliche konzentrieren.“*
- *„Ich (der Außendienstler) bin einmal in der Woche in Ihrer Stadt. Sie können mich kurzfristig anfordern, damit wir Ihre Fragen schnellstens lösen.“*
- *„Der Messestand ist von allen vier Seiten begehbar: Sie werden keinen potenziellen Kunden verpassen.“*

Beispiele aus dem KFZ-Handel

- *„Dieses Auto hat eine eingebaute Start-Stopp-Automatik: Sie sparen damit einiges an Benzingeld im Jahr, das Sie Ihrem kleinen Sohn aufs Sparkonto legen können.“*
- *„Das integrierte Kurvenlicht bedeutet für Sie, dass Sie nachts auf dem Heimweg über die Landstraße ein viel sichereres Gefühl beim Fahren haben, da bei jeder Lenkbewegung die nächste Kurve ausgeleuchtet wird.“*

- *„Wenn Sie unser Tagesmenü bestellen, sparen Sie fünf Euro: Dafür kriegen Sie zwei leckere Bierchen."*
- *„In diesem Hotel können Sie echtes All-inclusive buchen. In dem Preis sind dann wirklich sämtliche Getränke mit drin und Sie können den Urlaub genießen, ohne sich einzuschränken."*

Beispiele aus der Gastronomie / Hotellerie

- *„Dieses Mountainbike hat eine verstellbare Federgabel. Sie werden keine Nackenschmerzen durch harte Schläge mehr haben und können sich abends noch bewegen."*
- *„Diese Laufschuhe haben innen eine Verstärkung: Dadurch wird Ihre Fußstellung korrigiert und Sie kommen abends schmerzfrei die Treppen zu Ihrer Wohnung rauf."*

Beispiele für Sportartikel-geschäfte

- *„Diese Anti-Viren-Software lädt sich ihre Aktualisierungen mit einem sehr geringen Datendurchsatz auf die Festplatte. Das heißt, Sie werden keinen Systemhänger mehr haben und können ohne lästiges Warten weiterarbeiten."*
- *„Dieser Mobilfunktarif beinhaltet eine Datenflatrate für das EU-Ausland: Sie werden nach Ihren Geschäfts- und Urlaubsreisen nie wieder böse Überraschungen auf der Telefonrechnung erleben. Das Geld können Sie lieber für leckere Cocktails am Strand ausgeben."*
- *„Dieses Handy hat eine QWERTZ-Tastatur: Sie können tippen wie auf dem PC und müssen sich nicht umgewöhnen, es geht alles viel schneller."*
- *„Dieses Navigationsgerät ist mit einem sogenannten Lane-Assist ausgestattet: Es zeigt Ihnen rechtzeitig an, auf welche Spur Sie wechseln müssen. Die Zeiten, dass Sie trotz Navi stundenlang im Kreis durch Köln fahren, sind damit vorbei und Ihre Freundin wird auch nicht mehr sauer sein, weil Sie ständig zu spät kommen."*

Beispiele aus dem Elektrofachmarkt

Wie Sie auch Lagerware emotional verkaufen

Der eine oder andere von Ihnen könnte mittlerweile auf den Gedanken gekommen sein, dass die in diesem Buch beschriebene absolute Kundenorientierung nur dann funktioniert, wenn wir entweder alles auf Kundenwunsch fertigen oder ein unfassbar großes Sortiment haben, das sämtliche Bereiche einer bestimmten Branche abdeckt. Wie sieht es aber aus, wenn Sie ein in der Tiefe und Breite begrenztes Sortiment anbieten, wenn Sie gezwungen sind, Ihre Lagerware zu verkaufen?

Nun, beim ersten „Ich weiß nicht so recht" Ihres Interessenten wird es doch erst richtig spannend! Wenn Sie den emotionalen Bedürfnissen Ihrer Kunden zwar nahekommen, sie aber nicht zu 100 Prozent erfüllen, ist Ihr Verführungstalent gefragt. Wohlgemerkt, es geht nicht um Manipulation mit negativen Folgen für den Kunden; es geht darum, ihm unser Produkt, das vielleicht nicht ganz seinen Vorstellungen entspricht, so schmackhaft zu machen, dass er gerne bei uns kauft und auch noch am nächsten Tag ein gutes Gefühl dabei hat. Ich gebe es zu: Weiße Handys sind nicht jedermanns Sache, eine bestimmte Marke bei Spiegelreflexkameras zu wählen, ist in Fotografenkreisen schon fast eine religiöse Weltanschauung, aber sollte Sie das davon abzuhalten, es nicht wenigstens zu versuchen? Natürlich nicht. Beobachten Sie sich einmal selbst: Setzen Sie sich auch manchmal ein Produkt in den Kopf, das Sie unbedingt haben wollen, und Sie wissen gar nicht wirklich, warum? Aus Gewohnheit, aus Bequemlichkeit oder weil Ihre Freunde und Kollegen es besitzen? Vielleicht haben Sie sich in einem solchen Fall bereits davon überzeugen lassen, dass ein ähnliches Produkt viel besser zu Ihnen passt? Hierzu ein Beispiel:

Beispiel: Alternative zum Traumwagen *Ihr Traumauto, das Sie am Wochenende beim Händler im Schaufenster gesehen haben, steht zwar noch in der Ausstellungshalle, nur leider ist an die Stelle des Preisschildes nun der Hinweis „Verkauft!" getreten. Mist! Zu allem Überfluss erzählt Ihnen der Verkäufer glaubhaft, dass die Lieferzeiten bei Neubestellung momentan extrem lang sind. Ihr Ärger und Ihre Enttäuschung werden immer größer. Am anderen Ende der Halle steht allerdings ein ähnliches Modell, das zwei für Sie wichtige Ausstattungsmerkmale nicht hat, dafür aber ein neues technisches Highlight, das Sie sehr interessant finden und bis dahin noch gar nicht kannten …*

Wie könnte der Verkäufer Sie überzeugen, dieses alternative Modell zu kaufen? Es wäre sofort verfügbar, die fehlende Ausstattung wird zum Teil durch die neue Technik kompensiert und der Preis stimmt.

- „Wie wäre es, wenn Sie sich zunächst reinsetzen und sich den Sitz auf Ihre Größe einstellen?"
- „Wie wäre es, wenn Sie ein paar Runden damit drehen? Dann können Sie das xxx-System direkt ausprobieren. Ich habe gerade ein Paar Überführungskennzeichen hier."
- „Ihre Wunschausstattung wäre wirklich toll gewesen, schade. Allerdings ist dieses Modell nachweislich sicherer; Sie fahren doch so viele Autobahnkilometer."

Was haben diese Sätze gemeinsam? Sie bieten etwas auf einladende Weise an und betonen das Positive am Alternativprodukt.

Machen Sie den ursprünglichen Kundenwunsch nicht schlecht, betonen Sie lieber die Vorzüge des vorrätigen Produktes.

In einem Elektronikfachhandel habe ich einmal mitbekommen, wie der Inhaber eine bestimmte koreanische Fernsehermarke förmlich schlechtgeredet hat, obwohl er von diesen Geräten mindestens zehn Stück im Laden stehen hatte, nur um den deutlich wertvolleren deutschen Fernseher zu verkaufen.

Nun sind viele Händler gezwungen, gewisse Marken im Sortiment zu führen, wenn sie beispielsweise einem Verband oder einer Franchise-Kette angehören, aber so ein Verhalten geht deutlich zu weit. Benutzen Sie auch hier eine positive Sprache. Die Meinung, die der Kunde zu dieser bestimmten Marke hat, ist begründet: Finden Sie diesen Grund heraus, dann können Sie ihn entweder aufklären, dass Marke XY aus bestimmten Gründen nicht zu ihm passt, oder ihm etwas anbieten, was noch besser zu ihm passt.

Emotionsverstärker Sprache
Neben der bildhaften Sprache gibt es noch ein weiteres sprachliches Mittel, Ihren Kunden den emotionalen Spiegel vorzuhalten: die sprachlichen Emotionsverstärker. Schauen wir uns doch noch einmal die dritte Aussage aus dem Autohaus an:

■ *„Ihre Wunschausstattung wäre wirklich toll gewesen, schade. Aller-dings ist dieses Modell nachweislich sicherer; Sie fahren doch so viele Autobahnkilometer."*

Neben der Tatsache, dass der Verkäufer über einen emotionalen Nutzen argumentiert (Sicherheit – viele Autobahnkilometer), be-nutzt er ein verstärkendes Wort: „nachweislich". Lesen Sie sich den Satz laut vor und danach den folgenden Satz:

■ *„Ihre Wunschausstattung hat er nicht, aber dafür ist er sicherer."*

Hat Sie die erste Formulierung auch mehr überzeugt? Wenn ja, dann liegt das zuerst an der positiven Aussage und Wertschätzung am Anfang, dann am Erwähnen des Nutzens und zu guter Letzt an dem Zusatz „nachweislich".

Auswahl nutzen-verstärkender Begriffe

Es gibt noch mehr solcher verstärkender Formulierungen in Ver-bindung mit dem Kundennutzen:

■ *Höhere* Sicherheit
■ *Steigende* Gewinne
■ *Lohnende* Erträge
■ *Zusätzlicher* Vorteil
■ *Größere* Passgenauigkeit
■ *Mehr* Freude
■ *Schnelleres* Erreichen der Gewinnschwelle
■ *Spürbare* Ersparnis
■ *Weniger* Ärger
■ *Schützt* vor …
■ *Sichert* Ihnen …
■ *Befreit* von …
■ *Gewährleistet* Ihnen …

Es kommt eben auch hier nicht nur darauf an, *was* Sie sagen, son-dern *wie* Sie es sagen. Es ist vollkommen legitim, seine Sätze ein we-nig zu schmücken oder in rhetorisches Geschenkpapier zu packen, im Privatleben passiert das doch auch andauernd in netter Form: In Kapitel 4, als es um klare Sprache ging, haben Sie das Beispiel gele-sen, in dem Ihr Partner Sie fragt, ob Sie noch gemeinsam weggehen wollen und Sie darauf antworten: „Eigentlich habe ich keine Lust, aber dir zuliebe komme ich mit." Was würden Sie denn sagen, wenn Sie partout zu Hause bleiben wollen und es geschickt emotionsverstärkend formulieren? Mein Vorschlag: „Tolle Idee, aber wollen wir nicht doch *lieber schön gemütlich* …?" Das funktioniert im Verkauf auf dieselbe Weise.

Da manchmal Schweigen Gold ist, gibt es noch eine weitere Variante, die Sie häufiger einsetzen sollten:

Lassen Sie Bilder sprechen und auf den Kunden wirken.

Emotionaler Nutzen durch Bilder und Erlebnisse

Häufig haben Sie den gewünschten Artikel im Laden nicht vorrätig oder sind im Außendienst tätig und können natürlich nicht jedes Ihrer eintausend Produkte als Muster dabei haben. Dann verändert sich Ihre emotionale Nutzenargumentation insofern, als dass Sie noch mehr darauf achten müssen, wohin Ihr Kunde gerade schaut, während Sie sprechen. Vorausgesetzt, in Ihrem Produktkatalog sind wirklich gute und aufschlussreiche Fotos, wird Ihr Kunde natürlich neugierig sein und sich die Artikel dort genauer ansehen wollen: Lassen Sie Ihre Worte wirken und zerreden Sie diesen Moment nicht, da sich Ihr Kunde in einem Denkprozess befindet und weitere Argumente Ihrerseits jetzt nur stören würden. So, wie Sie während des Sprechens hin und wieder rhetorische Pausen machen sollten, ist es auch hier angebracht, den Kunden atmen zu lassen.

Wenn Ihr Kunde beispielsweise einen Bilderrahmen haben möchte, dessen Größe Sie gerade nicht vorrätig haben, zeigen Sie ihm, wie groß sein Modell sein wird; halten Sie die Hände so weit auseinander, wie es realistisch ist, oder malen Sie es ihm auf. Er wird sich freuen, wenn er etwas in den Händen halten kann, obwohl Sie ihm im Augenblick sein gewünschtes Produkt noch nicht mit nach Hause geben können.

Ein weiteres Stilmittel für das emotionale Verkaufen ist, die Erlebnisse des Kunden mit seinem bald neuen Produkt vorwegzunehmen und wirken zu lassen.

Beispiel:
Eine bildhafte
Situation schaffen

Ein Ehepaar betritt mit seiner 10-jährigen Tochter ein Pianohaus mit der Absicht, für die Kleine ein Klavier zu kaufen. Der Inhaber, selbst Pianobauer, stellt die üblichen Fragen, die er stellen muss, um das passende Klavier aus seiner Ausstellung auszusuchen, und führt die Familie dann zu einem Modell, das leicht über den preislichen Vorstellungen des Ehepaars liegt, aber immer noch im erträglichen Rahmen ist. Nach einigem Für und Wider schlägt der Verkäufer dem kleinen Mädchen vor, ein wenig darauf zu spielen. Offensichtlich hat die Kleine nur darauf gewartet, denn kaum hat er es ausgesprochen, sitzt sie schon auf dem Hocker und spielt ein Stück, das sie gerade in der Musikschule gelernt hat. Nun macht der Inhaber dieses Geschäfts das Beste, was er in diesem Moment überhaupt machen kann: Er zieht das Ehepaar sanft an den Ärmeln zwei Meter nach hinten in den Ausstellungsraum, damit die Eltern mit etwas Abstand das Bild genießen können: Voller Stolz schauen die beiden auf ihre Tochter, wie sie mit Begeisterung spielt. Als der Verkäufer dann auch noch das Stück erkennt, das sie spielt, ist der Verkauf in trockenen Tüchern. Die Kleine ist hellauf begeistert und die Eltern können sich dem nicht entziehen und kaufen das Klavier.

Was ist hier genau passiert? Der Verkäufer hat natürlich einige Merkmale des Klaviers aufgezählt, das gehört dazu. Und er war äußerst achtsam: Die Eltern wollten ein Klavier für ihr Mädchen kaufen. Welche Emotion könnte dahinterstecken? Er hat genauestens hingehört und dabei erfahren, wie stolz sie auf ihr Kind sind. Wie konnte er diese Emotion noch verstärken? Indem er ihnen demonstrierte, wie es sein wird, wenn das Klavier mitsamt spielender Tochter zu Hause in ihrem Wohnzimmer steht. Besser kann man in diesem Zusammenhang nicht verkaufen, der Verkäufer hat sämtliche möglichen Sinneskanäle angesprochen.

Sprechen Sie wann immer möglich alle Wahrnehmungskanäle Ihrer Kunden an.

Wir haben fünf Sinneskanäle, über die wir unsere Umwelt wahrnehmen:

- Sehen (visuell)
- Hören (auditiv)
- Fühlen (kinästhetisch)
- Riechen (olfaktorisch)
- Schmecken (gustatorisch)

Da das Riechen und das Schmecken nur bei speziellen Warengruppen in Betracht kommen (Parfümerie, Bäckerei, Weinhandel usw.), konzentrieren wir uns auf die ersten drei Kanäle Sehen, Hören und Fühlen. Um herauszufinden, auf welchem Kanal Ihr Kunde gerade hauptsächlich unterwegs ist, auf welcher „Welle er funkt", hilft es Ihnen, auf seine Wortwahl zu achten. Es gibt bestimmte Sprachmuster, die auf den gerade aktiven Wahrnehmungskanal hinweisen:

Visuell	Auditiv	Kinästhetisch
sehen	hören	fühlen
beobachten	tönen	begreifen
zeigen	schweigen	handeln
dämmern	überhören	festhalten
erkennen	beschwören	rauswerfen
deutlich	klingen	hineinversetzen
enthüllen	rauschen	umdrehen
aufblitzen	harmonisch	lösen
vorstellen	klangvoll	erarbeiten

Wenn Sie diese Wörter von Ihrem Kunden vermehrt hören, ist die Wahrscheinlichkeit hoch, dass er gerade auf diesem Kanal sendet und empfängt („Das sieht aber toll aus!"). Füttern Sie diesen Kanal dann besonders, zeigen Sie ihm etwas, lassen Sie ihn etwas hören oder fühlen beziehungsweise erleben. Sollten Sie sich nicht sicher sein, wenden Sie bitte den oben abgedruckten Merksatz an, wenn es eben geht, so viele Wahrnehmungskanäle wie möglich anzusprechen.

Nutzenargumente relativieren den Preis

Wenn Sie mit Ihrer Nutzenargumentation ins Schwarze treffen, weil Sie vorher richtig gut hingehört haben, bauen Sie einer schwierigen Preisverhandlung vor: Der emotionale Wert Ihres Produktes wird in den Augen des Kunden steigen, was seine Rabattforderungen eindämmen wird. Das bedeutet natürlich nicht, dass Sie sich nie wieder Preisgesprächen aussetzen müssen, Sie werden allerdings deutlich bessere Gewinnspannen erzielen können.

Verdeutlichen Sie Ihrem Kunden den emotionalen Nutzen so stark, dass der Preis in seiner Bedeutung abnimmt.

Das Wichtigste in 7 Schritten

1. Nutzen Sie die Tatsache, dass jeder Kaufentscheidung eine Emotion zugrunde liegt.
2. Sprechen Sie mehr über den tatsächlichen Nutzen als über technische Details, die der Kunde nicht wissen will.
3. Erkennen Sie den Nutzen für Ihren Kunden, indem Sie die richtigen Schlüsse aus seinen Antworten ziehen.
4. Formulieren Sie Ihre Nutzenargumentation so konkret wie möglich und verzichten Sie auf Floskeln.
5. Machen Sie frühere Kaufentscheidungen Ihrer Kunden nicht schlecht, betonen Sie lieber die Vorzüge Ihres Produktes.
6. Holen Sie sich am Ende der Argumentation durch die Bestätigungsfrage das Okay des Kunden ein, damit Klarheit entsteht.
7. Eine gute emotionale Nutzenargumentation baut schwierigen Preisverhandlungen vor.

7. Der emotionale Elevator-Pitch: „Wie die Toskana *wirklich* nach Wanne-Eickel kommt"

In den 1980er-Jahren gab es einen erfolgreichen Film mit Michael J. Fox in den Kinos: „Das Geheimnis meines Erfolgs". Dieser Film war die Geburtsstunde des sogenannten Elevator-Pitches, des Verkaufsgesprächs in 30 Sekunden. Die aufstrebende Yuppie- und Karriere-Generation hatte oft nur eine einzige Möglichkeit, ihre Vorgesetzten von sich und ihrer guten Arbeit zu überzeugen: nämlich, indem die jungen Leute während der kurzen Fahrt in einem Aufzug ihr Anliegen übermittelten. Dass dabei keine Zeit für langatmiges und ausholendes Erzählen war, versteht sich von selbst. Aus diesem Elevator-Pitch ist in vielen Verkaufstrainings eine regelrechte Kultur geworden. Jeder Profiverkäufer hat mindestens einen „Pitch" auf Lager, mit dem er versucht, während dieser virtuellen Reise in einem Aufzug sein Gegenüber von der Wichtigkeit seines Produktes zu überzeugen.

Es geht darum, innerhalb kürzester Zeit Interesse zu wecken, sowohl im Verkaufsgespräch als auch dann, wenn Sie auf einem Netzwerktreffen oder auf einer Messe angesprochen werden. Leider holen manche Verkäufer viel zu weit aus: Sie erzählen ihre komplette Firmengeschichte, für welche Verkaufsgebiete sie zuständig sind, manchmal rattern sie gar sofort ihre vollständige Produktpalette herunter. Das ist gerade am Anfang eines Kontaktes wenig sinnvoll und zielführend. Forschungen haben ergeben, dass wir nach 20 bis 30 Sekunden innerlich abschalten, wenn wir nicht

In 30 Sekunden überzeugen

irgendetwas Interessantes gehört haben, wenn wir nicht, wie der Psychologe zu sagen pflegt, „getriggert" werden. Wir verlieren dann sehr schnell das Interesse an dieser Person und wenden uns wieder unserer ursprünglichen Tätigkeit zu. Die klassischen Abwimmeltechniken kennen wir Verkäufer ja sehr gut.

Wie funktioniert ein Elevator-Pitch?

Es geht nach wie vor darum, positive Emotionen zu wecken, um aus der Vergleichbarkeit herauszukommen. Für einen Personalentwickler in einem Unternehmen gibt es fast keine langweiligere Antwort auf die Frage „Was machen Sie beruflich?" als „Verkaufstrainer". Es gibt alleine in Deutschland Tausende von dieser Sorte. Wenn Sie sich nicht rigoros von der Masse abheben, wenn Sie nicht irgendetwas in petto haben, was Ihr Gegenüber emotional bewegt oder eines seiner dringenden Probleme löst, werden Sie nicht wirklich wahrgenommen. Verkaufen Sie Versicherungen? Welche Erfahrungen haben Sie mit der Antwort „Ich bin Versicherungsvertreter" gemacht? Sicherlich nicht die allerbesten, da es auch von dieser Berufsgruppe sehr viele gibt.

Bildhaft und prägnant argumentieren In Kapitel 1 haben Sie von einer jungen Dame gelesen, die zunächst einmal „nur" Möbel verkauft hat, mittlerweile fragenden Interessenten aber erzählt, dass sie ihnen die Toskana nach Hause bringt. Oder erinnern Sie sich noch an die TV-Werbung von Vorwerk? Den Spot, in dem eine Hausfrau von einem Bankmitarbeiter gefragt wird, was sie beruflich macht? Ihre Antwort lautet: „Ich leite ein erfolgreiches, kleines Familienunternehmen." In Ausschnitten ist zu sehen, wie sie das Frühstück zubereitet, die Kinder schulfertig macht, den Haushalt schmeißt. Alles Tätigkeiten, die eine Hausfrau den lieben Tag lang für ihre Familie zu stemmen hat. Neben der unbestreitbaren Wirkung der bildhaften Sprache wird hier noch etwas deutlich: Mit der Antwort „Ich bin Hausfrau" wäre sie nicht wirklich weit gekommen.

Beim Elevator-Pitch geht es darum, bei Ihrem Gesprächspartner vom ersten Moment an Neugierde zu erzeugen.

Um in kürzester Zeit das Interesse Ihres Gegenübers zu wecken, sollten Sie sich über folgende neun Punkte im Klaren sein:

Voraussetzungen für den Elevator-Pitch

1. Zuhörerorientierung

Wer gehört zu Ihrer Zielgruppe? Wen sprechen Sie an? Welche Vorkenntnisse hat dieser Mensch oder diese Gruppe von Menschen? Wie in den vorangegangenen Kapiteln beschrieben: Sprechen Sie die Sprache Ihrer Kunden, informieren Sie sich gut über die jeweilige Branche. Bedienen Sie mehrere Zielgruppen, sollte auch die Ansprache jeweils angepasst sein.

2. Der „Augenbrauen-Hochzieher"

Eine provokante Frage, ein originelles Bild beziehungsweise eine Geschichte oder eine erstaunliche Information wecken das Interesse Ihres Gegenübers. Sie haben sofort die volle Aufmerksamkeit. Ihr Gesprächspartner soll interessiert die Augenbrauen hochziehen und beispielsweise sagen: „Das müssen Sie mir aber genauer erklären." Hier kommt der in diesem Buch oft erwähnte Mut ins Spiel. Trauen Sie sich etwas, Sie haben nichts zu verlieren. Ein Interessent, der noch nie etwas bei Ihnen gekauft hat, kann Ihnen auch keinen Umsatz wegnehmen.

3. Wieso gerade Sie?

Was macht Sie im positiven Sinne zum schwarzen Schaf? Was unterscheidet Sie von all den weißen Schafen in der Herde, sprich von Ihren unzähligen Wettbewerbern? Da wir bekanntlich Individuen sind, gibt es auf jeden Fall Unterscheidungsmerkmale, seien sie auch noch so klein.

Als ich in meiner Verkäuferzeit einen großen Baumarkt als Kunden betreute, habe ich mich andauernd gefragt, warum ich dort so viele Aufträge bekomme, obwohl die Konkurrenz übermächtig schien. Auf meine Frage hin antwortete der Marktleiter wörtlich: „Dich kann ich

Beispiel: Zeit für den Kunden

auch samstags nerven ...“ Da er jeden Samstagmittag eine kleine Inventur machte und die fehlenden Artikel bestellte, konnte er niemanden in den Unternehmen erreichen, wenn er Fragen hatte. Mich aber schon, und das war der für ihn entscheidende Vorteil.

4. Klare, positive und bildhafte Sprache

Wie in Kapitel 4 (Die Sprache als Überzeugungshilfe) beschrieben, sollte auch und gerade im Elevator-Pitch Ihre Sprache klar, positiv und bildhaft sein, da der Ansprechpartner innerhalb kürzester Zeit realisieren soll, dass er etwas verpasst, wenn er sich nicht weiter mit Ihnen unterhält. Verwirren Sie Ihre Gesprächspartner nicht mit abstrakten Formulierungen oder Fachjargon, bleiben Sie kurz, knapp und knackig.

5. Was ist die Problemlösung?

Welches branchenspezifische Problem können Sie lösen? Welche Ihrer Ideen kann für den Kunden neue Märkte erschließen? Wenn Sie genau wissen, welches Thema bei Ihrem Gegenüber gerade aktuell ist, haben Sie es leicht, zum Ziel zu kommen. Stellen Sie Ketchup-Flaschen her, bei denen der Inhalt auch beim ersten Öffnen portioniert auf dem Teller landet, anstatt ein rotes Meer auf dem Hemd und auf der Hose zu verursachen? Glückwunsch, Sie werden reich, Sie brauchen nicht mehr viel zu erzählen, nur noch zu liefern. Da die wenigsten von uns solch bahnbrechende Neuheiten anzubieten haben, fangen Sie im Kleinen an: Jede Nische, ist sie auch noch so schmal, ist eine Chance, sich auszubreiten.

6. Was hat der andere davon?

Dass wir alle Geld verdienen wollen und müssen, liegt auf der Hand. Im Gegenzug sollte der Geschäftspartner natürlich etwas davon haben, wenn er uns nicht nur zuhört, sondern dann womöglich auch noch bei uns kauft. Wie beim emotionalen Nutzen für den einzelnen Kunden fragen Sie sich hier: Was haben meine Kunden davon? Wenn Sie schon etwas länger im Geschäft sind und hingehört haben, kennen Sie bestimmt die Schnittmenge zwischen den Bedürfnissen Ihrer Kunden und dem Angebot Ihrer Branche. Sollten Sie zu neuen Ufern aufbrechen und innovative Produkte für andere Zielgruppen verkaufen wollen, hören Sie sich vorab genauestens um, was die Leute interessiert und umtreibt.

7. Begeisterung

Wie schon an verschiedenen Stellen erwähnt, können Sie nur dann Vertrauen erwecken, wenn Sie Ihre Ideen authentisch übermitteln. Entfachen Sie Begeisterung und unterstützen Sie dieses Vorhaben mit Ihrer Körpersprache. Wenn Sie beispielsweise mit monotoner und leiser Stimme sagen *„Ich habe ein ganz tolles Produkt, bei dem Ihre Mitbewerber vor Neid erblassen werden"* und dabei die Mundwinkel nach unten ziehen und die Arme leblos am Körper herunterhängen lassen, nimmt der potenzielle Kunde Ihnen diese Aussage natürlich nicht ab. Auch hier ist unterstützende Mimik und Gestik gefragt.

8. Ohne Appell kein Termin

Beenden Sie Ihren Elevator-Pitch mit einem Appell, mit einer Aufforderung zur Tat. Sagen Sie Ihrem Gegenüber, was nun Ihrer Meinung nach passieren soll. Haben Sie sich als Ziel gesetzt, einen ausführlicheren Gesprächstermin mit ihm zu vereinbaren, können Sie an dieser Stelle fragen: *„Wann können wir uns denn einmal in Ruhe darüber unterhalten?"* Oder: *„Lassen Sie uns doch kommende Woche auf unserem Messestand darüber reden."*

9. Üben, üben, üben

Gute Elevator-Pitches brauchen eine gewissenhafte Vorbereitung. Sie werden wahrscheinlich nicht auf Anhieb Ihre optimale Produktvorstellung finden, das braucht Zeit und vor allem Übung. Stellen Sie sich vor den Spiegel und spielen Sie mit Ihrer Körpersprache, Mimik und auch mit verschiedenen Betonungen und Stimmlagen. Um authentisch zu wirken, müssen Sie sich dabei wohlfühlen.

Wie finden Sie *Ihren* Elevator-Pitch?

Fangen wir mit den wichtigsten Punkten an und stellen uns zunächst drei Fragen zum eigenen Elevator-Pitch:

1. Wer sind meine Zielpersonen?
2. Welche Unterscheidungsmerkmale interessieren meine Kunden?
3. Was ist das Ziel meines Elevator-Pitches?

Bitte beschreiben Sie die Zielgruppe, die Sie erreichen wollen:

_____

_____

_____

_____

_____

Welche Unterscheidungsmerkmale interessieren Ihre Kunden?

_____

_____

_____

_____

Welches konkrete Ziel wollen Sie mit Ihrem Elevator-Pitch erreichen?

_____

_____

_____

_____

_____

Wenn Sie hier angelangt sind, ist das Wesentliche geschafft: Sie haben sich ausführlich Gedanken darüber gemacht, was Ihr Kunde wirklich will, und auch darüber, was *Sie* wollen. Jetzt fehlen Ihnen „nur noch" der Text, mit dem Sie Ihre Kunden beglücken wollen, und eine kurze und knackige Vorstellung.

Neben dem Ende einer Rede ist es vor allem der Anfang, der uns in Erinnerung bleibt.

Es ist sinnvoll, sich die ersten beiden Sätze und den letzten Satz wörtlich zu notieren; dabei reicht es vollkommen aus, wenn Sie den Mittelteil nur in Stichpunkten festhalten. Um Ihren eigenen Elevator-Pitch zu gestalten, können Sie sich vier As merken:

- Anrede
- Aufhänger (Woher kennen Sie diesen Menschen?)
- Anliegen
- Appell

Vier As für den Pitch

Dass wir Menschen anreden sollten und auch ein Anliegen haben, ist selbstverständlich und das Thema Appell ist bereits oben beschrieben; aber was bringt der Aufhänger? Stellen Sie sich vor, Sie werden tagsüber von einem Callcenter-Mitarbeiter angerufen, der Ihnen gleich zu Beginn sagt: *„Ich war auf Ihrer Homepage und habe da etwas Spannendes entdeckt."* („Oh, da war jemand auf meiner Website und findet sie interessant.") Oder: *„Ich habe gestern Ihren Kollegen Herrn Seppelpeter getroffen."* („Ach, der kennt den?") Ob Sie das Telefonat weiterführen wollen oder nicht: Es entsteht wenigstens kurzzeitig eine Bindung zwischen Ihnen und dem Anrufer, etwas, das Sie sich für Ihren Elevator-Pitch oder auch für die Kaltakquise generell zunutze machen können. Lassen Sie Ihrer Fantasie freien Lauf. Hat ein Wettbewerber Ihres aktuellen Ansprechpartners Ihnen kürzlich von Problemen in der Branche berichtet? Dann nehmen Sie den Faden auf: *„Guten Tag Herr …, ein Kollege aus Ihrem Verband erzählte mir letztens, dass … Ist das bei Ihnen auch der Fall?"* Wie auch immer hier die Antwort lautet: Sie sind im

Ohne Aufhänger geht es nicht

Gespräch und haben die Chance, sich und Ihr Unternehmen interessant zu machen.

Wie kann solch ein 30-Sekunden-Gespräch aussehen? Ein Elevator-Pitch kann eher sachlich oder vor allem gefühlsbetont vor sich gehen. Zum emotionalen Pitch kommen wir gleich noch ausführlich. Zunächst ein allgemeines Beispiel (bei dem Sie natürlich im Aufhänger trotzdem an die Beziehungsebene appellieren):

<table>
<tr><td>Beispiel:
sachorientierter
Pitch</td><td>**Anrede:**
„Guten Tag, Frau X, mein Name ist XY von der Firma Z.“
Aufhänger:
„Ein Kollege / Herr XX erzählte mir, dass Sie für … zuständig sind.“
Anliegen:
„Wir stellen Produkte für Ihre Fertigungsstraßen her, mit denen Sie 20 Prozent effizienter arbeiten können.“
Appell:
„Wie wäre es, wenn wir uns einmal in Ruhe in Ihrem Hause darüber unterhalten würden?“</td></tr>
</table>

Hier ist die Anrede klassisch, Sie können natürlich auch, je nachdem, wie und wo Sie Ihren Ansprechpartner antreffen, ein freundliches *„Schön, dass ich Ihnen einmal begegne“* dransetzen, aber Vorsicht: Floskelalarm! Der Aufhänger bleibt ebenfalls sachlich in diesem Beispiel und bewirkt, dass Ihr Interessent zumindest wissen will, mit wem Sie vorher gesprochen haben. Das Anliegen enthält einen klassischen Grundnutzen für jeden Unternehmer: Alle wollen effizienter arbeiten, weil sie dadurch Zeit und Geld sparen. Es ist kein weltbewegendes und originelles Argument, aber Sie haben die Möglichkeit, Ihre Behauptung zu belegen. Der Appell in Form einer Frage ist klar formuliert, Ihr Ziel ist ein Besuchstermin.

Alles, was darüber hinaus gesagt werden könnte, wäre an dieser Stelle des Gesprächs zu viel. Wenn Sie zur Übung obigen Text einmal laut vorlesen und dabei auf den Sekundenzeiger Ihrer Armbanduhr schauen, werden Sie bemerken, dass Sie höchstwahrscheinlich deutlich schneller als in 30 Sekunden fertig sein werden: Das ist auch gut so, denn die halbe Minute Zeit ist eine Obergrenze. Wenn Sie einkalkulieren, dass auch Ihr Gegenüber zwischendurch etwas sagt (und das sollten Sie), kommen Sie ziemlich genau hin. Viel länger sollte ein Elevator-Pitch nicht sein. Wenn Sie bei der Anrede schon 15 Sekunden benötigen, können Sie sich den Rest nämlich sparen, der potenzielle Kunde wird innerlich abschalten. „Mein Name ist Hadschi Halef Omar Ben Hadschi …"

Nun sind Sie an der Reihe: Stellen Sie sich einen potenziellen Kunden vor, den Sie gerne einmal ansprechen würden, und notieren Sie sich bitte Ihren eigenen Elevator-Pitch:

Anrede:

_____

_____

_____

Aufhänger:

_____

_____

_____

Anliegen:

_____

_____

_____

Appell:

_____

_____

_____

Nach diesem Muster können Sie mit der Zeit Ihre ersten Worte optimieren und weiterentwickeln. Auf den kommenden Seiten erfahren Sie, wie Sie zudem Emotionen damit auslösen können, die dem Angesprochenen die Augenbrauen hochziehen, weil er mehr wissen will.

„Was machen Sie eigentlich beruflich?" Ihr emotionaler Elevator-Pitch

Wenn Sie jemanden aktiv ansprechen oder als Außendienstler zum ersten Mal besuchen, ist die Situation relativ einfach, da Sie ja darauf vorbereitet sind, etwas zu sich und Ihrem Unternehmen zu sagen. Wie sieht es aus, wenn Sie mehr oder weniger überraschend angesprochen werden? Ob beim Sport, abends im Restaurant oder auf Messen und Netzwerktreffen? Haben Sie sich da auch schon über verpasste Chancen geärgert, weil Sie auf die Frage „Was machen Sie denn beruflich?" beispielsweise lediglich geantwortet haben: „Ich arbeite in der Produktion." Oder wie im Beispiel zu Beginn: „Ich verkaufe Möbel."

Vorher geplant, in der Situation entspannt
Die gute Nachricht: Es ist ganz einfach, etwas Interessantes zu antworten, wenn Sie sich vorher in Ruhe hinsetzen und sich ein paar Gedanken zu Ihrem Job machen. Wie eingangs des Kapitels erwähnt, sollten Sie sich, nachdem Sie Notizen über Ihre Zielgruppe, Ihre Unterscheidungsmerkmale und Absichten gemacht haben, des Weiteren darüber im Klaren sein, was Sie der Menschheit nutzen, welche emotionalen Bedürfnisse Sie mit Ihrem Tun befriedigen. Hier vereinigt sich alles, was Sie bisher in diesem Buch gelesen haben: die Authentizität, die Achtsamkeit, die Anpassungsfähigkeit auf der einen sowie die klare, positive und bildhafte Sprache und der emotionale Nutzen auf der anderen Seite. Auch wenn Sie in den kommenden Wochen niemand fragen sollte, was Sie beruflich machen: Je mehr Sie über Ihren emotionalen Auslöser bei Ihrer Zielgruppe nachdenken, umso größer wird Ihr Selbstbewusstsein werden, weil Sie genau wissen, was Ihr Tun bei den Kunden bewirken kann.

Je besser Sie den emotionalen Nutzen Ihrer Tätigkeit kennen, umso mehr Spaß werden Sie bei der Arbeit haben.

Welche Energie das freisetzt, können Sie sich sicher vorstellen, wenn Sie es nicht bereits wissen.

Bevor wir uns erneut den menschlichen Bedürfnissen widmen, aus denen Sie Ihren emotionalen Elevator-Pitch ableiten können, finden Sie ein paar beispielhafte Aussagen, die einige meiner Seminarteilnehmer entwickelt und auch erfolgreich angewendet haben:

Ein Mitarbeiter der Controlling-Abteilung eines großen Unternehmens wurde bei einer Firmenveranstaltung von seinem Vorstandsvorsitzenden gefragt, wofür er denn im Konzern zuständig sei. Er erwiderte: „Ich sorge mit meinem Team dafür, dass Sie bei der nächsten Bilanzpressekonferenz gefeiert werden."

Beispiele: Kreativ gewinnt

Er hätte natürlich auch antworten können: „Controlling." Das wäre vollkommen richtig gewesen, allerdings geschah in seinem Fall etwas für ihn Unverhofftes: Der Vorstandsvorsitzende unterhielt sich daraufhin minutenlang mit ihm und fragte ihn über die Arbeitsbedingungen aus, gab ihm Karrieretipps und bedankte sich für die Arbeit der Controlling-Abteilung. Natürlich ist diese spezielle Situation besonders gut verlaufen, was nicht immer der Fall ist. Durch seine Aussage, die die Emotionen seines obersten Chefs berührt hat, hat er sich positiv von der Masse der Mitarbeiter abgehoben.

Am Abend einer Vertreterversammlung wurde gefeiert und auch die internen Mitarbeiter waren dazu eingeladen. Forsch, wie Verkäufer nun einmal sind, fragte ein gerade erst eingestellter Außendienstler den Einkaufsleiter ziemlich salopp: „Was machen Sie denn so den ganzen Tag?" Der antwortete mit tiefer Gelassenheit: „Ich mache Sie reich!" Als der Verkäufer ihn verwundert ansah, ergänzte er: „Ich handle die guten Einkaufspreise aus, damit Sie mit vernünftiger Marge verkaufen können." Da die Provision in diesem Unternehmen gewinnabhängig abgerechnet wird, wird der Verkäufer diesen Abend wohl niemals vergessen.

Wollen Sie mit Ihren Produkten und Dienstleistungen aus der Masse der Anbieter herausstechen, helfen Ihnen solche Aussagen, die den emotionalen Nutzen Ihrer Tätigkeit in den Mittelpunkt stellen. Hier können Sie sich der bildhaften Sprache bedienen. Die Grundlage dafür ist wie immer, dass Sie Ihren Partnern aufmerksam zugehört haben und aus diesen Informationen die richtigen Schlüsse ziehen und das passende Bedürfnis ansprechen.

Welche Bedürfnisse bedienen Sie? Hier finden Sie noch einmal ein paar ausgewählte menschliche Bedürfnisse sortiert nach Oberbegriffen: Welches Bedürfnis (es dürfen auch mehrere sein) bedienen Sie? Was sagen Ihre Kunden über Sie und Ihre Produkte? Welche Symbole passen sprachlich dazu?

- *Ruhm*
  Stolz, Image, Anerkennung, Bewunderung, Sieg
- *Reichtum*
  Profit, Geld, Gewinn, Wohlstand, Sparen, Zeit sparen
- *Freizeit*
  Freude, Spaß, Genuss, Vergnügen
- *Fitness*
  Ruhe, Sicherheit, Zufriedenheit, Gesundheit, Entspannung

Bevor Sie wieder die Gelegenheit haben, Ihre eigenen Formulierungen zu erarbeiten, lesen Sie sich ein paar Beispiele aus dem Verkauf durch:

Beispiele aus dem Verkauf
- *Ein Messebauunternehmer bekam einen Auftrag mit dem Satz: „Wir haben etwas von Avon-Beraterinnen: Wir verkaufen Ihnen Hoffnung!" Als der Kunde laut lachte und ihn fragte, welche Hoffnung er denn verkaufe, erwiderte er: „Hoffnung auf Stolz, Ihren Namen und Ihr Firmenlogo groß auf der Leinwand des Messestands zu sehen, und Hoffnung auf eine hohe Aufmerksamkeit und viele Interessenten auf dem Stand." Dass das irgendwann zu mehr Umsatz und Gewinn führt, wurde dem Kunden sofort klar. Durch*

diese originelle Ansprache, einen wirklich exzellenten „Augenbrauenhochzieher", wurden seine letzten Zweifel beseitigt.

- *Eine Regionalverkaufsleiterin im Versicherungsbereich begrüßt ihre zukünftigen Kunden häufig mit den Worten: „Ich bin Ihr Lotse im Tarifdschungel der Rentenversicherungen."*
- *Ein Autoverkäufer bedient sich (ja, das geht auch) des Werbeslogans seines Unternehmens: „Ich gebe Ihnen die Freude am Fahren wieder." Das sagt er natürlich besonders gerne bei Menschen, deren Fahrzeug nicht aus München stammt.*
- *Die Aussage „Ich senke Ihren Ruhepuls" habe ich nicht von einem Lauf- oder Fitnesstrainer gehört, sondern vom Inhaber eines Reisebüros, der sich auf Wellness-Reisen spezialisiert hat.*
- *„Ich sorge dafür, dass Sie auch im Winter im T-Shirt im Wohnzimmer sitzen können": Dieser Mann ist Energieberater. Zumeist legt er seinen Kunden danach dar, wie sie effizient renovieren und energietechnisch sinnvoll ihr Haus und Dach mit Wärmedämmung versehen können.*

Alle diese Beispiele haben gemein, dass sie beim emotionalen Nutzen und Bedürfnis anfangen und dann zum sachlichen Aspekt übergehen.

Nun viel Spaß beim Formulieren Ihres eigenen emotionalen Elevator-Pitches:

Mein Beruf:

_____

Mein(e) Produkte:

_____

Feedbacks (Rückmeldungen) meiner Kunden in Stichworten:

_____

_____

_____

_____

Die Bedürfnisse, die ich bediene:

_____

_____

Dazu passende Symbole:

_____

· ·

Haben Sie einen Satz gefunden, der zu Ihnen und Ihrer Zielgruppe passt? Herzlichen Glückwunsch! Wenn es Ihnen noch schwerfallen sollte: Auch bei Experten auf diesem Gebiet dauert es manchmal einige Zeit, etwas Passendes zu finden. Lassen Sie sich auf diesen Prozess ein und gehen Sie ohne Druck damit um: Nicht jeder bringt seinen Kunden die Toskana nach Hause.

· ·

Alles, was es zum emotionalen Elevator-Pitch braucht, ist Einfühlungsvermögen in die Welt des Kunden und Mut, dies originell auszusprechen.

Eine der humorvollsten Aussagen aus einem völlig anderen Bereich will ich Ihnen nicht vorenthalten:

An einem herrlich warmen Abend in einem exotischen Urlaubsland machen sich einige Hotelgäste untereinander bekannt und stellen sich nach altdeutscher Sitte alle direkt mit Berufsbezeichnung vor. Einem etwa 50-jährigen Mann ist das ganze „Guten Tag, Herr Doktor"-Gerede zu albern, deshalb sagt er, als er mit seiner Vorstellung an der Reihe ist: „Ich bin der Leuchtturm, an dem Sie sich orientieren können. Wo ich bin, ist vorne!" Einige der anwesenden Gäste lachen verunsichert, woraufhin er ergänzt: „Ich bin nämlich Lokführer."

Wir sollten uns alle nicht ernster nehmen als nötig, wir brauchen mehr Humor, gerade im Verkauf. Und darum geht es im nächsten Kapitel.

Das Wichtigste in 7 Schritten

1. Das Ziel des Elevator-Pitches ist, in maximal 30 Sekunden Interesse zu wecken.
2. Seien Sie sich im Klaren über Ihre Zielgruppe, den Nutzen, den Sie ihr bringen, und das Ziel, das Sie damit verfolgen.
3. Finden Sie einen originellen oder persönlichen Aufhänger.
4. Ohne einen abschließenden Appell verläuft der beste Elevator-Pitch im Sande.
5. Um Ihren Elevator-Pitch zu emotionalisieren, sprechen Sie die menschlichen Bedürfnisse an.
6. Übersetzen Sie das, was Sie tun, in Metaphern und Symbole
7. Ein guter Elevator-Pitch braucht Zeit und vor allem Übung.

8. Humor im Verkauf: Seien Sie authentisch, achtsam und anpassend

Humor gilt als unseriös

Deutschland ist ein Comedy-Land: Da gibt es den „Fun-Friday" auf einem Privatsender, da füllt ein Mario Barth mit seinem Programm das Berliner Olympiastadion und die Fernsehsender überschwemmen uns mit einer Vielzahl von Komödianten, auch solchen, die noch üben, dass es selbst einem Humorliebhaber wie mir zu viel wird. Nur für die Statistik: Wir Deutschen haben Humor, das ist eine Tatsache; aber im Geschäftsbereich hört der Spaß auf. Da machen wir ernst. „Wir sind doch Problemlöser, da kann ich nicht herumalbern. Das gehört sich nicht, ich will mich ja nicht lächerlich machen." All diese Vorurteile münden in einem Satz: Humor im Geschäftsleben ist nicht seriös.

Erwiesen: Mit Humor geht alles besser

Dabei ist es mittlerweile sogar wissenschaftlich bewiesen:

1. Lachen ist gesund. Durch Lachen werden Glückshormone ausgeschüttet, zum Beispiel Dopamin oder Endorphine. Dadurch entspannen sich Ihre Gesichtszüge, die Lunge und das Gehirn werden „belüftet", die Blutgefäße erweitert.
2. Lachen fördert die Aufnahmefähigkeit und gewährleistet so höhere Aufmerksamkeit.
3. Lachen kann Ihnen helfen, Probleme zu lösen, da es eine positive Grundstimmung herstellt.

Der Experte für die Storytheater-Methode Doug Stevenson (siehe Literaturverzeichnis) hat einmal gesagt: *„Emotionen sind der kürzeste Weg zum Gehirn."* Und: *„Wer lacht, der lernt."* Die verbreitete Meinung, dass man im Business als inkompetent verschrien wird, wenn man humorvoll auftritt, gilt schon lange nicht mehr. Humor wird immer häufiger als Stärke angesehen.

Im Verkauf wirkt Humor genauso befreiend wie in allen anderen Lebenssituationen: Er kann zum Beispiel schwierige Verhandlungen auflockern. Zudem erinnert sich Ihr Kunde an Sie – und zwar positiv. Der Kunde will doch ein Kauferlebnis haben, an das er gern zurückdenkt, wenn er schon so viel Zeit für den Kauf opfert. Mit Humor – achtsam portioniert – unterscheiden Sie sich als Persönlichkeit von Ihren Wettbewerbern. Der Kunde freut sich, wenn er Sie sieht oder mit Ihnen telefoniert. Je nachdem, welchen Typ von Humor er mag, können Sie ihn in den härtesten Verhandlungs- oder Reklamationssituationen zum Lachen, Lächeln oder Schmunzeln bringen. Zudem geht mit humorvollen Verkaufsgesprächen der Tag schneller rum, weil es einfach mehr Spaß macht. Hier allerdings der Hinweis:

Humor schafft Kundenbindung

Humor soll unterstützen, nicht im Mittelpunkt des Verkaufsgesprächs stehen. Die Grundlage ist immer noch das Fachwissen.

Vielen Menschen fehlt einfach der Mut, im Geschäftsleben humorvoll zu sein. Fragen Sie sich: „Wie weit kann ich gehen, ohne meinem Kunden zu nahe zu treten? Was ist, wenn mein Humor nicht zum Lachen ist? Nimmt man mich noch ernst, wenn ich witzig bin?" Auf diese Fragen finden Sie in den kommenden Unterkapiteln Antworten.

Wie Humor im Verkauf funktioniert und wie nicht

Vor einigen Jahren war ich für ein Akquisegespräch im Norden Deutschlands unterwegs. Mein zuständiger Ansprechpartner war ein wohlbeleibter Mann, der zu Anfang des Gesprächs darauf hinwies, dass ich nachher bitte nicht einen zu hohen Tagessatz aufrufen solle, da die Firma gerade neue Stühle für den Besucherraum gekauft habe:

Ein gar nicht so lustiges Beispiel

Es waren frei schwingende Stühle, also solche, die hinten keine Beine haben. Wir setzten uns einander gegenüber und wechselten ein paar belanglose Worte, bis es anfing, ernst zu werden. Das Thema für die Mitarbeiterseminare war schnell gefunden, der Bedarf analysiert und die Preisverhandlung nicht mehr weit. Noch bevor ich etwas dazu sagen konnte, sah ich, wie mein gut genährter Fast-Kunde im Zeitlupentempo mit weit aufgerissenen Augen nach hinten kippte, um mit einem lauten, metallischen „KNACK" auf dem Rücken liegen zu bleiben, Arme und Beine von sich gestreckt wie ein Maikäfer.

Schön, wenn Sie jetzt lachen, das würde mich freuen, denn ich lache auch gerade beim Verfassen dieser Zeilen. Aber wie hätten Sie vor Ort reagiert? Was hätten Sie getan? Hätten Sie laut gelacht? Oder wären Sie peinlich berührt gewesen? Lösen wir die Geschichte auf:

Mein erster Impuls war natürlich, lauthals loszulachen. Da dort mein Kunde auf dem Boden lag und ich nicht wusste, ob ihm etwas zugestoßen war bei seiner Rückwärtsrolle und wie er überhaupt reagieren würde, habe ich mich dazu entschlossen zu implodieren. Kennen Sie das, wenn Sie Ihr Lachen unterdrücken und Sie dabei das Gefühl haben, dass Ihnen jemand von innen die Augen herausdrückt? Nachdem ich mich vergewissert hatte, dass das laute Knacken vom Zerbersten des Stuhls kam und nicht von einem seiner Körperteile, half ich ihm auf (mir standen bereits die Lachtränen in den Augen), schaute ihn an und dann passierte zum Glück etwas Erlösendes: Wir lachten BEIDE!

Dass alle Beteiligten lachen konnten, hatte natürlich seine Gründe.

Nutzen Sie die Kopf-Herz-Formel
Um Humor im Verkauf gewinnbringend anzuwenden, hilft Ihnen wieder die Kopf-Herz-Formel:

Authentisch sein Finden Sie zunächst Ihren ureigenen Humor. Es hat keinen Sinn, sich zu verstellen oder aus einem eher ruhigeren Typen einen lauten Alleinunterhalter zu machen. Sie müssen sich wirklich dabei wohlfühlen.

Beobachten Sie genau, wie Ihr Kunde auf Ihre Art Humor reagiert. **Achtsam sein**
Lacht und schmunzelt er mit und schaut fröhlich drein oder bleibt
er ernst und hart am Thema? In unserem Beispiel oben begrüßte
mich der Kunde schon recht humorig (neue Stühle), sodass die
Vermutung nahe lag, dass er grundsätzlich für einen Scherz zu
haben ist. Allerdings kann sich diese Grundhaltung innerhalb des
Gesprächs ins Gegenteil verwandeln, wenn ihm das Thema viel
bedeutet wie zum Beispiel der Preis oder die Lieferkonditionen.
Bitte achten Sie auf diese natürlichen und ganz normalen Stim-
mungsschwankungen und ziehen Sie Ihre Schlüsse daraus: Es hat
selten etwas mit Ihnen direkt zu tun, eher mit der Tatsache, dass sich
Ihr Kunde konzentrieren muss, weil er verständlicherweise keine
Fehler machen will. Wenn Ihnen etwas Ähnliches widerfährt wie
mir in obigem Beispiel, müssen Sie natürlich darauf achten, ob er
diese seltsam anmutende Situation ebenfalls so lustig findet wie Sie.

Wie im normalen Verkaufsgespräch auch haben Sie aufgrund Ihrer **Anpassend sein**
Achtsamkeit genügend Informationen bekommen und können fle-
xibel und dabei authentisch auf die humorvolle oder eben wenig humorvolle Art Ihres Gegenübers reagieren. Wenn der andere nicht
lacht, dann lacht er eben nicht. Wir verdienen unser Geld nicht mit
Gags, sondern mit Kaufabschlüssen. Sollte Ihnen eine Pointe dane-
bengehen, sprechen Sie souverän weiter und lächeln Sie: Manchmal
wollen Kunden einfach nicht lachen, denn Sie als Verkäufer könnten sich ja im Gespräch wohlfühlen (Achtung: Ironie!). Rechnen Sie
bitte immer mit „taktischer Ernsthaftigkeit". Wer eher den lauten
Humor bevorzugt, sollte besonders auf die Reaktionen seines
Gegenübers achten und besser zwei Gänge statt einen herunter-
schalten. Vermeiden Sie es, Ihrem Kunden die Pointe ungefragt zu
erklären: Ein schlechter Witz wird durch häufige Wiederholung
nicht besser.

Der wichtigste Punkt aber, wie Humor im Verkauf oder im sonstigen Geschäftsleben nur funktionieren kann:

**Humor im Verkauf muss anlachend sein, nicht auslachend; er
soll harmonisierend wirken.**

Haben Sie Mut zur Spontaneität

Humor schafft eine vertrauensvolle Atmosphäre

Manchmal ist es besser, „einfach mal die Klappe zu halten", aber häufig verpassen wir Situationen, die so amüsant sind, dass wir sie eigentlich ansprechen müssten, uns aber nicht trauen, weil wir nicht wissen, wie der Kunde reagiert. Auch hier hilft Ihnen Achtsamkeit weiter: Wenn Sie beispielsweise in einem Bekleidungsgeschäft sehen, dass Ihr Kunde den Pullover samt Kleiderbügel angezogen hat, was ziemlich lächerlich aussieht, beobachten Sie ihn zunächst: Merkt er das überhaupt? War er vorher im Gespräch sehr sachlich und auf Abstand bedacht oder kam er eher locker daher? Eine Verkäuferin hat in dieser Lage gesagt: *„Die Bügel kosten aber drei Euro extra …"* Als ihre Kundin ihr Missgeschick bemerkte, musste sie lachen. Die Verkäuferin nahm ihr dann den Bügel aus dem Pullover und beide gingen wieder zur Tagesordnung über. Die Atmosphäre war allerdings deutlich besser als vorher.

Was wäre wohl passiert, wenn die Kundin nicht über den lockeren Spruch gelacht hätte? Wahrscheinlich hätte sie versucht, sich den Bügel selbst zu entfernen, die Verkäuferin hätte ihr dabei geholfen und sonst wäre nichts geschehen. Die Kundin wäre nicht schimpfend aus dem Laden gelaufen oder hätte sich bei der Geschäftsleitung beschwert. Sie hätte einfach nur nicht gelacht. Wenn Sie sich dazu entschieden haben, ernst zu bleiben, weil Sie denken, dass die Kundin unfreundlich reagieren könnte, dann sprechen Sie sie eben sachlich darauf an und trauen sich bei der nächsten Gelegenheit.

Zum Erkennen von Situationskomik gehört zunächst der Wille, eine Situation überhaupt komisch zu finden, und dann der Mut, diese auch anzusprechen.

Die richtige Dosis macht's

Ob Sie den Mut zur Spontaneität schon besitzen oder gerade erst entdecken, wie toll Humor im Verkauf wirken kann, Sie müssen sich trotzdem immer darüber im Klaren sein, dass zu viele Scherze unangebracht sind. Manchmal nämlich ist die Verführung sehr groß, weil es Kunden gibt, die nicht genug bekommen können von Ironie, Selbstironie, lockeren Sprüchen oder Anekdoten. Da schaukelt sich dann sehr schnell eine „Kneipenatmosphäre" auf, die Sie in Ihrem Bemühen, einen Auftrag zu erhalten, nicht wirklich unterstützt. Manchmal sind aber auch wir Verkäufer im wahrsten Sinne des Wortes daran schuld, da wir gerne versuchen, den Kunden auf Biegen und Brechen zum Lachen zu bringen, obwohl er vielleicht eher ein stiller Typ ist, der grundsätzlich nicht laut lacht.

Wie Humor im Verkauf nicht funktioniert

Es gibt Scherze, bei denen Sie die Uhr danach stellen können, dass der Schuss nach hinten losgeht. Die größten „Lachfallen" stelle ich Ihnen vor:

- *Witze unter der Gürtellinie*
  Schlüpfrige Gags gehören nicht in den Verkauf. Auch wenn es in manchen Branchen etwas deftiger zugehen mag (ich komme aus der Werkzeugindustrie und weiß, wovon ich rede), halten Sie sich bei dieser Art von Humor besser defensiv zurück: Zu bald ist eine Grenze überschritten, zu schnell treten Sie damit Ihrem Kunden auf die Füße und dann ist es meistens zu spät.

- *Albernheiten und „Schenkelklopfer-Witze"*
  Hier liegen die meisten Vorurteile gegenüber Verkaufen mit Humor: Viele Menschen glauben, dass damit Herumalbern gemeint sei. Nein, das ist nicht damit gemeint, es gibt viel geschicktere Humorarten. Wer herumalbert, kann sich zum sprichwörtlichen „Affen" machen.

- *Scherze auf Kosten anderer*
  Sich über andere lustig zu machen, hat mit Humor nichts zu tun. Ganz ehrlich: Lästern wir nicht alle gerne? Manchmal? Sicherlich, aber bitte nicht beim Kunden über den Außendienstkollegen des Wettbewerbers oder über eine konkurrierende Elektrofachmarkt-Kette. Ihr Kunde mag den Spaß vielleicht mitmachen und das Ganze ebenfalls lustig finden, aber sobald Sie weg sind oder er den Laden verlässt, wird er sich eventuell Gedanken machen, ob auch über ihn so gesprochen wird. Ein branchenbekannter Außendienstler kam immer in zu kurzen Anzugs-

hosen und weißen Socken zu seinen Händlerkunden. Gut, jeder nach seinem Geschmack, aber Stil hat er damit nicht bewiesen. Dadurch wurde er bei einem Kollegen zum klassischen Lästeropfer. Der Kunde entgegnete lachend: „Stimmt, der Kerl sieht unmöglich aus. Im Gegensatz zu Ihnen hat der aber klasse Produkte!" Eigentor.

■ *Ironische Wortspiele*
Es gibt natürlich unter Ihnen Wortakrobaten, die einen sehr feinsinnigen und hintergründigen Witz haben. Ich liebe diese Art von Humor, die beispielsweise Dieter Nuhr pflegt: eine Mischung aus Ironie und teilweise bitterbösem Sarkasmus – zum Unterschied später mehr. Nur sollten Sie bedenken, dass erstens der Kunde diesen Humor nicht immer versteht und er sich zweitens bloßgestellt fühlen könnte, weil er intellektuell nicht mitkommt. Das wiederum führt bei ihm zu Ärger, den Sie nicht wollen. Hierher gehören auch die absichtlichen Wortverdreher, die meistens nur die „Täter" zum Lachen bringen, weil der Angesprochene es in den seltensten Fällen merkt, dass der Begriff oder das Fremdwort falsch eingesetzt ist. Zum Beispiel *„Sie bringen mich ganz schön in die Bretagne"* statt in die „Bredouille". *Oder „Sie sind ja eine Konifere auf diesem Gebiet"* statt eine „Koryphäe". Für diese zugegebenermaßen lustigen Spielchen müssen Sie den Kunden schon sehr gut kennen, damit der Witz auch wirklich positiv aufgenommen wird.

Also nehmen wir uns andere Humorarten vor, die weniger riskant sind.

Achten Sie bitte immer darauf, dass alle Beteiligten etwas zum Lachen oder Schmunzeln haben.

Wie Sie humorvoll bei Ihren Kunden punkten können

Neben der grundsätzlichen Einstellung und dem Willen, humorvoll zu sein und witzige Situationen zu verwerten, gibt es einige Humorarten, die recht riskant sind (wie gerade beschrieben), und einige, die nahezu immer funktionieren. Funktionieren heißt hier nicht, dass Ihr Kunde sich vor Lachen biegen muss, sondern dass Sie es sich mit ihm nicht verscherzen und weiter am Vertrauensaufbau arbeiten können. Wenn er dann doch lacht oder zumindest schmunzelt: umso besser.

Nehmen Sie mit Ironie den Druck aus Verhandlungen

Eine Variante des Humors, die im Verkauf Erfolg verspricht, ist die Ironie. Sie ist, vereinfacht definiert, „das Gegenteil von dem, was man meint". Damit können Sie dem Kunden beispielsweise auf lockere Art verdeutlichen, welchen Vorteil Ihre Produkte haben.

Vor ein paar Jahren war ich zwei Tage lang mit einem Außendienstmitarbeiter meines Kunden im Großraum Bonn unterwegs, um ihn vor Ort zu unterstützen und ihm nach den Gesprächen bei seinen Kunden Feedback und Tipps zu geben. Als wir das Büro einer KFZ-Werkstatt betraten, schaute der Inhaber nur kurz auf, nickte grimmig und ging weiter seiner Arbeit nach. Ohne Begrüßung, ohne Händeschütteln. Statt sich von dieser unfreundlichen und abweisenden Art abwimmeln zu lassen, holte der junge Kollege in Seelenruhe eine Flasche Kontaktspray, ein neues Produkt seines Arbeitgebers, und einen CD-Rohling aus seinem Koffer. Der Kunde schaute nicht auf. Auch das brachte den Außendienstmann nicht aus der Ruhe: Er schüttelte die Flasche, sprühte ein wenig des Inhalts auf die CD und verteilte das Schmiermittel mit dem Zeigefinger gleichmäßig und konzentriert darauf. Durch diese seltsam anmutende Art einer Verkaufspräsentation verwirrt, schaute der Werkstattbesitzer endlich auf und fragte in rheinischem Dialekt: „Wat is dat denn?" Die Antwort kam genauso schnell wie überraschend: „Das ist eine CD. Die wird bald auch hier die Langspielplatte ablösen." Dabei schaute er den Kunden grinsend an. Dem Werkstattleiter standen die Fragezeichen in den Augen und er murmelte: „Du Blödmann, weiß ich auch! Jetzt erzähl schon, ich hab

Beispiel: Ironie statt Erklärungen

keine Zeit!" Das nun folgende Verkaufsgespräch dauerte drei Minuten – der Kunde war wirklich in Zeitnot – und endete mit einem sehenswerten Auftrag.

Dass dieses Verkaufsgespräch gut ausging, war kein Zufall oder Glück, es hatte sachliche Gründe:

■ Der Verkäufer kannte diesen Kunden gut, er hat bei den Besuchen zuvor sehr genau hingehört und die richtigen Schlüsse gezogen: Er war sich sicher, dass der Werkstattleiter diese Art von Humor versteht.
■ Durch die Art und Weise, wie er seinen ironischen Satz gesagt hat, war dem Kunden von vornherein klar, dass es sich um Humor handeln muss, denn der Verkäufer hatte ein Lachen in den Augen und seine Körpersprache war dabei offen.

Ironie funktioniert nur dann, wenn Sie dabei körpersprachliche Ironie-Signale senden.

Typische Ironie-Signale

Mit Mimik und Gestik können Sie ironische Situationen betonen durch

■ Augenzwinkern,
■ eine einfühlsame, nicht aggressiv klingende Stimme,
■ eine leicht übertriebene Betonung.

Ironie stets mit Charme verbinden

Stellen Sie unbedingt sicher, dass Ihr Zuhörer die Ironie auch versteht: Ihre Aussage wirkt sonst auslachend, manchmal sogar verletzend. Ganz wichtig bei Ironie: Seien Sie charmant, Charme macht sympathisch. Was ist überhaupt Charme? Definiert ist er durch „den reizvollen, positiven Eindruck, den Personen oder auch Sachen auf jemanden machen": etwa der Charme einer Frau, einer Stadt, einer Region wie der Toskana. Charme entsteht durch Ihre innere positive Haltung und Ihre offene und freundliche Körpersprache. Häufig wird von weiblichem Charme gesprochen, aber auch Männer können und dürfen „Charme ausstrahlen". Die Wirkung auf Ihr Gegenüber ist die, dass der andere sofort spürt, dass Sie ihm nichts Böses wollen. Die Redewendung „seinen Charme spielen lassen" besagt nichts anderes, als sich absichtlich höflich und liebenswürdig zu verhalten (meist, um dadurch einen Vorteil für sich zu erreichen, was durchaus legitim ist). Ironie gepaart mit Charme löst Spannungen im Verkaufsgespräch und gewährt Ihnen bei ernsthaften Aussagen ein „Hintertürchen" nach dem Motto „War doch spaßig gemeint". Wie zum Beispiel hierbei:

Beispiel:
Wenn es sachlich
nicht weitergeht …

Ein junger Verkäufer in einem namhaften Elektronikfachmarkt sah sich einem ebenso jungen Inder als Kunden gegenüber. Sie wissen, wie Inder ungefähr aussehen: Er hatte pechschwarzes Haar, eine mittelbraun getönte Haut, trug eine helle Jeans und eine grüne Jacke. Das Verkaufsgespräch lief ganz gut bis zu dem Zeitpunkt, als der Verkäufer seinem Kunden den Begriff „Flatrate" zu erklären versuchte, der zum damaligen Zeitpunkt noch nicht so bekannt war wie heute. Als der junge Inder es beim dritten Erklärungsversuch immer noch nicht verstanden hatte, wurde der Verkäufer merklich ungeduldig. Plötzlich huschte ein breites Grinsen über sein Gesicht und er sagte zum Kunden mit einem Leuchten in den Augen: „Flatrate … Flatrate … Damit kannst du so lange telefonieren, bis du SCHWARZ wirst!" Stille. Dann brach der Inder in lautes Lachen aus und meinte wörtlich: „Alter, jetzt weiß ich genau, was das ist, und werde es noch meinen Enkeln erklären können."

Dabei war natürlich ein gewisses Restrisiko: Der Inder hätte die Anspielung auf seine Hautfarbe – ob sie beabsichtigt war oder nicht – auch falsch deuten und als Beleidigung auffassen können, was er aber nicht tat. Der Verkäufer hatte ihn vorher im Gespräch achtsam beobachtet und hingehört und dann für sich entschieden, dass er diese Art Humor verstehen wird. Zudem hatte er sämtliche möglichen Ironie-Signale gesendet, die dem Kunden klar machten, dass jetzt keine böse gemeinte Aussage kommt. Er war einfach charmant.

Ironie *ohne* charmante sprachliche und körpersprachliche Signale nennt man Sarkasmus.

Sarkasmus ist böse und auslachend, also nicht für Verkaufsgespräche geeignet.

Nehmen Sie sich selbst nicht zu ernst

Eine Verwandte der Ironie ist die Selbstironie: Sie funktioniert ähnlich wie die Ironie und bewirkt, dass man als Mensch ankommt. Es macht Sie sympathisch, wenn Sie über sich selbst lachen und sich nicht ganz so wichtig nehmen. Wie immer beim Humor: Die richtige Dosierung ist entscheidend:

Wenn Sie in einem Verkaufsgespräch zu oft selbstironisch sind, schwächt das Ihre Position, Sie machen sich dann eher lächerlich als sympathisch.

Eine einzige selbstironische Bemerkung reicht völlig aus, um die Situation aufzulockern und um eventuellen Unfreundlichkeiten der Kunden den Wind aus den Segeln zu nehmen.

Beispiel: Unangenehmes selbstironisch übermitteln

Als ein Ehepaar mittleren Alters auf der Terrasse eines Cafés Platz nimmt und zwei Tassen Kaffee bestellen will, kommt die klassische Aussage des zuständigen Kellners: „Draußen gibt's nur Kännchen." Neben der Tatsache, dass ein solches Verhalten alles andere als kundenorientiert ist, ist seine Stimmlage auch noch ziemlich unfreundlich. Das Ehepaar bestellt trotzdem und bleibt einige Zeit dort sitzen und genießt den Kaffee. Als es draußen ein wenig kälter und windiger wird, packen die beiden ihre Sachen zusammen, gehen hinein ins Café und bestellen dort weitere zwei Kännchen Kaffee, worauf ein Kollege des unfreundlichen Terrassen-Kellners entgegnet:„Drinnen gibt's nur Tassen!"

Dieser Kellner weiß sehr wohl, was draußen passiert ist, und versucht die Situation mit humorvoller Selbstironie wieder geradezubiegen. Er erklärt den Gästen, dass es eine Vorgabe des Chefs sei, draußen keine Tassen zu servieren, und er das auch nicht verstehen könne. Das ist seinem Chef gegenüber nicht sehr loyal, aber er hat ein Recht auf seine eigene Meinung und in diesem Fall kann er die

Gäste damit besänftigen. Jede weitere selbstironische Aussage wäre danach nur noch hinderlich und sogar peinlich.

Schauen wir uns einen weiteren Fall an:

In einem Verkaufstraining für Digitalkamera-Promoter sitzt ein junger Mann, der recht unsicher im Job ist, besonders, was Kundeneinwände anbetrifft. Seine größte Herausforderung ist der Einwand „Da muss ich erst mal mit meiner Frau drüber reden", gefolgt von „Da muss ich erst mal drüber schlafen". Wir spielen einige Möglichkeiten durch, wobei er sich mit der Aussage „Das kann ich doch für Sie übernehmen" sehr wohl fühlt. Ziel dabei ist es, dass beide gemeinsam die Frau zu Hause anrufen, um den Auftrag doch noch an Ort und Stelle klarzumachen. Die Zeit danach verläuft recht erfolgreich, aber der junge Verkäufer ist immer noch ein wenig unsicher und hat ein Problem: Er ist nicht wirklich spontan. Eines Tages kommt dieser Einwand wieder, allerdings in einer kombinierten Form, weil der Kunde sich verspricht. Er sagt: „Da muss ich erst mal mit meiner Frau drüber schlafen." Oha. Leider bekommt der Verkäufer den Versprecher nicht mit und entgegnet mit traumwandlerischer Sicherheit: „Ja, aber, das kann ich doch für Sie übernehmen!" Der Kunde hat seinen Versprecher mittlerweile realisiert und entgegnet grinsend: „Was? Sie wollen mit meiner Frau schlafen? Was erlauben Sie sich eigentlich?" „Oh, da habe ich Sie falsch verstanden", entgegnet der Verkäufer peinlich berührt.

Der Verkäufer hatte nur die Worte „Da muss ich erst mal mit meiner Frau drüber …" wahrgenommen, im Geiste „sprechen" ergänzt und seinen automatisierten Lieblingssatz entgegnet. Auch wenn Sie solche Fälle nicht tagtäglich erleben werden in Ihrem Job: Haben Sie in solchen oder ähnlichen Situationen ruhig den Mut, über sich selbst zu lachen. Der Kunde wird hundertprozentig mit einstimmen, denn eine solche Situationskomik wird auch er verstehen. Dass dann ein „Sorry, das war ein Freud'scher Versprecher" oder etwas Ähnliches kommen muss, ist klar. Es gibt aber kaum eine bessere Situation, um gemeinsam mit Ihrem Kunden zu lachen und anschließend freundlich zu fragen: „Also, nehmen Sie die Kamera nun mit?"

Beispiel: Peinlichkeiten selbstironisch überspielen

Weitere Beispiele, bei denen Verkäufer mit Selbstironie Erfolg hatten:

- *„Sie haben mich übersehen? Das passiert mir bei meiner Körpergröße öfter. Da Sie mich jetzt aber entdeckt haben, kann ich Ihnen ja eben …"*
- *„Erklären Sie mir das bitte etwas einfacher, lieber Kunde, ich habe nicht promoviert. Was genau bedeutet denn …?"*
- *„Sehen Sie mal, ich habe ein abgetragenes Jackett an, ein neues kann ich mir momentan nicht leisten. Also bekommen wir nun den Auftrag?"*
- *„Bei meiner Körperfülle bin ich froh, wenn ich mich hinsetzen kann. Also wollen wir den Auftrag drüben am PC bei einer Tasse Kaffee eingeben?"*
- *„Sie wissen doch, dass wir beim Thema ‚schnelle Lieferung' noch Nachholbedarf haben. Also, wenn Sie jetzt bestellen, bekommen Sie die Ware noch vor Weihnachten."*

Diese selbstironischen Äußerungen haben alle gemeinsam, dass sofort danach eine sachliche Aussage oder Frage kommt. Unterstützt von Charme kann dies nur zum Erfolg führen: Ihr Kunde wird zumindest schmunzeln. Welche Situationen hätten Sie in der Vergangenheit mit Selbstironie anders gestalten können?

....

Für Ironie wie Selbstironie gilt: Bitte nur einmal pro Verkaufsgespräch anwenden, sonst wird es dem Kunden zu viel und es schadet Ihrer Glaubwürdigkeit.

Überzeugen Sie unterhaltsam mit Anekdoten

Was fast immer funktioniert, sind Anekdoten aus Ihrem Berufs- und auch Privatleben, wenn sie irgendetwas mit dem aktuellen Thema des Gesprächs zu tun haben. Sie erleben doch tagtäglich viel in Ihrem Verkäuferjob: Lustiges, Ärgerliches, Spannendes und zum Nachdenken Anregendes. Nutzen Sie diesen Erfahrungsschatz, um Ihre Kunden auf unterhaltsame Art und Weise zu überzeugen. Kurz und knackig erzählt – ohne exzessives Ausschmücken – haben Sie den gleichen Effekt wie mit sprachlichen Bildern: Sie entführen den Kunden kurz in eine andere Welt und werden mit einer solchen Geschichte lange Zeit positiv in Verbindung gebracht.

„Für eine Anekdote braucht man drei Dinge: eine Pointe, einen Erzähler und Menschlichkeit." Mark Twain

Eine Anekdote ist die knappe, prägnante Wiedergabe einer wahren oder erfundenen Begebenheit. Es handelt es sich hierbei um kurze, pointierte, nicht bewiesene, aber glaubhafte Geschichten über ungewöhnliche Ereignisse und über Personen. Diese kurze Geschichte muss nicht der Wahrheit entsprechen, sie sollte aber so erzählt sein, dass es passiert sein könnte – so kurios manche Anekdoten auch klingen mögen. Das heißt für Sie als Verkäufer: Lassen Sie Ihrer Fantasie ruhig freien Lauf. Wenn Ihnen etwas widerfahren ist, was Sie dem Kunden erzählen könnten, diese Geschichte jedoch keine wirkliche Pointe hat: Erfinden Sie etwas hinzu! Das macht jeder Anekdotenerzähler. Um es mit dem Autor Gottfried Heindl zu sagen:

Anekdoten müssen nicht wahr sein

„Es gibt keine wahren oder unwahren, es gibt nur gute und schlechte Anekdoten."

Oder glauben Sie Mario Barth etwa seine ganzen Anekdoten über seine Freundin? Hundertprozentig übertreibt er maßlos, aber das ist auch gut so: Wir fühlen uns entweder ertappt oder verstanden, je nachdem, welchem Geschlecht wir angehören. Das Rezept ist denkbar einfach: Nimm die Realität und überziehe um 30 Prozent, dann wird gelacht.

Wenn Sie mit einer solchen kurzen Geschichte den Kunden nicht nur zum Lachen oder Schmunzeln bringen, sondern auch noch eines Ihrer Verkaufsargumente beweisen können: Klasse, dann haben Sie gewonnen. Das ist Kundenbindung, denn Ihr Kunde wird Sie noch lange damit in Verbindung bringen.

Ein paar Punkte sollten Sie beachten:

- Wirken Sie glaubwürdig:
Auch wenn die Hälfte der Geschichte erfunden sein mag, erzählen Sie sie bitte mit der Inbrunst der Überzeugung.
- Bauen Sie Spannung auf:
Ihr Gegenüber muss sich fragen: „Und was kommt jetzt?" Beispiel: „*Plötzlich stand eine ausgewachsene Dogge vor mir auf dem Feld; weit und breit kein Mensch zu sehen …*"
- Seien Sie humorvoll, wenn es zur Situation passt, aber „verlachen" Sie die Geschichte nicht.
Erzählen Sie nur die für die Pointe wichtigen Details, verstricken Sie sich nicht in Nebensächlichkeiten; das verringert die Wirkung.
- Folglich darf Ihre Anekdote nicht zu lang sein. Die, die Sie hier im Buch finden, sind nicht länger als eine halbe Seite, das reicht vollkommen.
- Enden Sie mit einer Pointe.

Die schönsten Anekdoten sind die, die Ihnen spontan einfallen, wenn es gerade zur Situation oder zur Person passt. Wenn Sie dieses rhetorische Mittel bisher noch nicht im Verkauf eingesetzt haben (meistens trauen wir uns das eher im privaten Kreis zu, da ist die Schamgrenze nicht so hoch), ist es sinnvoll, sich ein paar Notizen zu einem prägnanten Ereignis aus dem Berufsleben zu machen und zu üben. Nein, Sie sollen nicht beim Kunden üben, sondern zunächst einmal alleine für sich und dann bei einem guten Freund oder der Freundin das Ganze testen.

Das sind die Notizen zu meiner Anekdote aus diesem Kapitel mit dem Inder und der Flatrate:

Verkäufer, Elektro – Inder, 20 Jahre, schwarze Haare, dunkle Haut usw.
Gespräch gut, Inder versteht Flatrate nicht.
Drei Mal erklärt, Verkäufer stottert.
Telefonieren, bis du schwarz wirst.

Das ist recht wenig, oder? Aber das reicht: Zumindest die größten Teile dieser Aktion habe ich miterlebt, deshalb kenne ich den Rest. Und das, was ich nicht mehr so genau weiß, habe ich eben dazugedichtet. Das Wichtigste bei Ihren Notizen ist die letzte Zeile: Da muss die Pointe stehen oder das Lernerlebnis für Ihren Kunden.

Haben Sie schon einmal etwas Witziges mit Ihren Produkten erlebt, das Ihnen im Verkauf weiterhelfen könnte? Oder ist Ihnen oder jemandem aus Ihrem Bekanntenkreis ein Missgeschick passiert, das Sie verwerten könnten? Dann machen Sie sich Ihre Notizen dazu.

Meine Anekdote:

_____

_____

_____

_____

_____

Und jetzt: Erzählen Sie sich die Geschichte ruhig einmal selbst und dann testen Sie ihre Wirkung bei Ihrem Partner oder Ihrer Partnerin. Sollte sie die gewünschte Wirkung verfehlen, habe ich eine gute Nachricht für Sie: Das passiert jedem auch noch so geübten Anekdotenerzähler hin und wieder, es ist eine reine Übungssache. Zudem lacht bekanntlich nicht jeder Mensch über dasselbe.

Manchmal macht die Pointe eher nachdenklich, auch wenn ein gewisser Witz dabei ist. Folgende Anekdote habe ich bei einem meiner Kundenbesuche im Werkzeughandel mitbekommen, als ein anderer Außendienstler seinen Kunden von den Vorteilen seiner wirklich ziemlich teuren Schraubzwingen überzeugen und vom Kauf einer billigen Importmarke abhalten wollte. Er sagte:

Anekdoten müssen nicht brüllend komisch sein

„Ich habe einen Kunden in Wuppertal, der ist Schreiner und wollte nie bei mir kaufen, weil ich zu teuer sei mit meinen Schraubzwingen. Die Importe wären auch klasse, meinte er. Bis er den Auftrag bekam, eine Holztreppe in einem Haus zu bauen. Er ging abends nach Hause, nachdem er die Zwingen an den Stufen zum Leimen befestigt hatte, und als er morgens wieder auf die Baustelle kam, blieb ihm sein Herz fast stehen: Dort lagen die Bretter, die eigentlich eine Treppe bilden sollten, auf dem Boden verteilt, weil die günstigen Zwingen alle über Nacht abgerutscht waren. Das hat richtig Zeit und Geld gekostet!"*

Auch wenn der eine oder andere von Ihnen bei der Vorstellung dieser Szene geschmunzelt hat: Diese Pointe ist kein wirklicher Lacher, sie bewirkt eher Reaktionen wie „Stell dir das mal vor …" und bringt den Kunden im Optimalfall zum Nachdenken. Hier war das wirklich so: Der Verkäufer musste nicht mehr viel sagen, der Kunde hat sich nun näher mit seinen Produkten beschäftigt und auch bestellt.

Ein weiterer wichtiger Aspekt neben der Pointe war hierbei, dass der Außendienstmitarbeiter die Anekdote wertschätzend erzählt hat. Hätte er beispielsweise gesagt „Ich hatte schon mal so einen geizigen Kunden" oder hätte er sich über den Schreiner lustig gemacht, wäre sein Plan nicht aufgegangen. Humor im Verkauf muss wirklich anlachend und darf nicht auslachend sein, das wird hierbei endgültig klar.

Anekdoten dürfen nicht auf Kosten anderer gehen, sie müssen trotz des Witzes respektvoll erzählt werden.

Wie Sie Einwänden und Reklamationen mit Humor begegnen

Wenn Sie das Thema Achtsamkeit verinnerlicht haben und es auch leben, dann haben Sie hier eine weitere Möglichkeit, eine eventuell angespannte Gesprächsatmosphäre aufzulockern und zu Ihren Gunsten umzudrehen. Es ist sicherlich nicht sinnvoll, einem Kunden, der aufgrund einer falschen Lieferung in Not ist (die Produktionsbänder stehen still) und wirklich stark verärgert klingt, einen launigen Spruch „um die Ohren zu hauen". Wenn er allerdings nur ein wenig bis gar nicht verärgert ist bei seiner Reklamation oder Ihnen gar nur einen normalen Einwand entgegenbringt, ist die Stunde der humorvollen Einwandbehandlung gekommen. Ihre Aufgabe ist es, das zu unterscheiden und achtsam zu entscheiden, ob Sie mit Ironie oder Selbstironie antworten oder ganz sachlich bleiben.

Wenn Sie Reklamationen mit Humor begegnen wollen, müssen Sie Ihre Antennen auf höchste Feldstärke stellen.

Es ist selbstverständlich, dass Sie den Kunden nicht verulken; Ziel ist hierbei, eine eventuell aufkommende Schärfe von Beginn an zu vermeiden. Deshalb folgen noch einmal die Grundregeln zur Einwand- beziehungsweise Reklamationsbehandlung:

Regeln der Einwandbehandlung

- Ruhig zuhören
- Einwand oder Reklamation innerlich akzeptieren (Der Kunde sieht das eben so!)
- Fragen, was genau passiert ist, und *wirkliches* Interesse zeigen (Alleine das beruhigt den aufgebrachten Kunden ungemein.)
- Sofort um das Thema kümmern oder eine gemeinsame Lösung finden

Wo passt denn da Humor hinein? Richtig: zwischen Punkt 2 und 3, noch vor den Fragen. Das heißt aber auch, dass Sie nach Ihrem humorvollen Kommentar sofort auf die ernsthafte und kümmernde

Schiene wechseln müssen, damit das Gespräch nach Ihren Vorstellungen verläuft.

Die in diesem Kapitel schon erwähnten „Ironie-Signale" kommen hier erst richtig zum Tragen: Der Kunde muss zu 100 Prozent verstehen, dass Sie es nicht wirklich ernst meinen, sonst verderben Sie die Situation völlig. Ein von mir hochgeschätzter Redner wurde einmal mit dem Einwand konfrontiert, dass „die anderen Anbieter alle billiger seien". Eine Aussage, die viele Verkäufer in die Rabatt-Sucht treibt, ihn aber nicht. Er entgegnete trocken: *„Das müssen die auch!"* Gut, dafür brauchen Sie wirklich sehr viel Selbstvertrauen und Vertrauen in Ihr Produkt. Dass dieses Beispielgespräch erfolgreich verlief, lag unter anderem daran, dass erwähnter Redner sämtliche Register der Ironie gezogen hat: ein verschmitztes Lächeln, eine offene und nicht bedrohlich wirkende Körpersprache und eine gespielt entrüstete Tonlage. Nachdem der Kunde lachend noch irgendetwas entgegnet hatte, konnten beide in Ruhe weiterverhandeln – in einer gelösten Atmosphäre ohne ruinöse Rabatte.

Hier einige weitere Beispiele für ironische Antworten:

- *„Über den Preis müssen wir aber noch mal reden!"*
„Ja gern, 10 Prozent kann ich guten Gewissens noch aufschlagen …"
Mein Tipp: Grinsen, schweigen und abwarten, was kommt. Meistens kommt nämlich nichts mehr.

- *„Sie sind schon der siebte Außendienstler heute hier, was wollt ihr alle von mir?"*
„Tja, meine Kollegen und ich sehen, dass Sie so ein teures Auto haben, und denken, hier ist richtig was zu holen …"
Mein Tipp: Je nachdem, wie der Kunde reagiert, sollten Sie entweder wie im vorigen Beispiel grinsen, schweigen und abwarten oder direkt auf die ernsthafte Schiene wechseln: *„Wie wäre es denn, wenn Sie MIR auch noch 10 Minuten Zeit geben …"*

■ *„Sie haben 300 Euro zu viel berechnet!"*
„Ach ja, das waren die ganzen Telefonate, die ich führen musste,
um bei Ihnen einen Termin zu kriegen."
Mein Tipp: Sofort nach dieser Aussage, die Sie ein oder zwei Sekunden wirken lassen, kommt Punkt 3 der Einwandbehandlung
zum Tragen: nachfragen, was genau passiert ist. In diesem speziellen Fall hat es vor allem deshalb funktioniert, weil der Kunde
nicht wütend war, sondern diese Reklamation ruhig fragend vor-
getragen hat.

Diese Antworten sind tatsächlich alle so gegeben worden. Wichtig
ist, dass Sie Ihren Kunden genau kennen und es somit ganz klar ist,
dass Sie das nicht wirklich ernst meinen; auch wenn Sie innerlich
denken, dass die zu viel berechneten 300 Euro eher noch zu wenig
sind.

Die Selbstironie funktioniert hier ähnlich: Sie nehmen sich kurzzeitig selbst auf die Schippe und lassen es dann sofort wieder gut
sein: Es gibt leider Menschen, die diese gespielte Schwäche als wirkliche Schwäche verstehen und dann erst recht reklamieren.

**Reklamationen mit Selbstironie zu begegnen beruhigt die Situa-
tion, wenn Sie danach wieder selbstbewusst wirken.**

Bei der Einwand- oder Reklamationsbehandlung Selbstironie anzuwenden ist dann sinnvoll, wenn klar ersichtlich ist, dass es sich
um Ihren Fehler oder den Ihres Unternehmens handelt. Da tatsächlich sehr viele Menschen ungern reklamieren und dabei auch
sehr unsicher sind, signalisieren Sie dem Kunden: „Sie haben recht."
Und das führt wiederum dazu, dass er Ihnen mehr und mehr vertraut. Denn wenn Sie sich in solchen Situationen als fair und kulant
erweisen und sich dabei nicht wichtiger nehmen, als Sie sind, haben
Sie einen weiteren treuen Kunden gewonnen.

Das Wichtigste in 7 Schritten

1. Wohldosierter Humor im Verkauf macht sympathisch, lockert auf und schafft Kundenbindung.
2. Humor im Verkauf darf nicht auslachend, er muss anlachend und harmonisierend sein.
3. Finden Sie Ihren authentischen Humor und gehen Sie flexibel auf den Humor des Kunden ein.
4. Ihre erhöhte Achtsamkeit ist beim Humor besonders wichtig, um die Reaktionen des Kunden wahrzunehmen.
5. Haben Sie Mut zur Spontaneität.
6. Senden Sie Ironie-Signale, um sicherzustellen, dass Ihr Kunde Ihren Humor auch wirklich versteht.
7. Anekdoten helfen Ihnen auf humorvolle Art bei der Argumentation.

9. Der emotionale Abschluss: So beenden Sie das Verkaufsgespräch

Ein Verkäufer hat das Recht und sich selbst und seinem Arbeitgeber gegenüber auch die Pflicht, ein Verkaufsgespräch verbindlich abzuschließen. „Verbindlich" bedeutet in diesem Zusammenhang, entweder eine handfeste Vereinbarung über die nächsten Schritte mit dem Kunden zu treffen oder im Optimalfall den Auftrag zu bekommen. Bei aller Kundenorientierung und Wertschätzung verdienen wir unser Geld durch den Verkauf von Gütern und Dienstleistungen und nur dadurch: Wir werden in den seltensten Fällen alleine dafür bezahlt, dass wir dem Kunden freundlich Rede und Antwort stehen, wenn er Fragen hat, und ihn dann wieder wegschicken. Die Einkaufszentren sind voll von Geschäften mit Verkäufern, die sich Ihrer Kunden gerne annehmen würden. Die Branchenbücher und das Internet sind voll von Unternehmen, die sehr gerne Ihrem Kunden eine Industrieanlage durchkalkulieren würden. Also gehen Sie diesen kleinen Schritt am Ende des Verkaufsgesprächs auch noch, stellen Sie die Abschlussfrage. Wenn Sie, wie in den vorangegangenen Kapiteln beschrieben, achtsam auf die Aktionen und Reaktionen Ihrer Kunden geschaut haben und daraus anpassend die richtigen Schlüsse gezogen und die für den jeweiligen Kunden wichtigen emotionalen Bedürfnisse angesprochen haben, müssen Sie den Ball nur noch über die Torlinie schieben.

Vorsicht vor „Overselling"

Es gibt Kunden, die von sich aus sagen: „Stimmt, Sie haben recht, schicken Sie mir dazu eine Auftragsbestätigung!" Das ist mehr als nur ein Abschlusssignal, das ist der Abschluss. Dann heißt es, entweder die nächsten Schritte in der Auftragsabwicklung einzuleiten und zu besprechen oder den Kunden zur Kasse zu begleiten. Dann ist nicht der richtige Zeitpunkt, dem Kunden noch einmal alle Vorzüge darzulegen und wieder von vorne anzufangen. Auch hierfür gibt es einen englischen Fachbegriff: das „Overselling". Je mehr Sie den Abschluss zerreden, umso größer wird die Gefahr, dass der Kunde doch noch anfängt zu zweifeln und das sicher geglaubte Geschäft nicht zustande kommt.

Zerreden Sie den Verkaufsabschluss nicht, sondern bestätigen Sie den Kunden in seiner Entscheidung.

Dass viele Kunden von sich aus den Abschluss suchen, heißt nicht, dass alle Menschen so redselig und entschlussfreudig sind: Viele warten nur darauf, dass Sie als Verkäufer etwas sagen, nach dem Motto: „Der will doch etwas von mir, dann soll er sich auch bemühen (obwohl es mir wirklich gut gefällt und ich lieber gestern als heute diesen Artikel besitzen würde)." Um ein solches Verhalten richtig zu deuten und darüber hinaus den richtigen Zeitpunkt für Ihre Abschlussfrage zu erwischen (zu früh sollten Sie natürlich nicht fragen), ist wieder Ihre Achtsamkeit gefragt: Woran erkennen Sie, wann der Kunde tendenziell zum Kauf bereit ist?

Abschlusssignale Abschlusssignale werden in zwei Kategorien unterteilt: Auf der einen Seite gibt es die verbalen Hinweise (das, was der Kunde sagt), auf der anderen Seite die nonverbalen Zeichen (wie er es sagt und körpersprachlich begleitet).

■ Das klarste verbale Signal ist die *Detailfrage*; stellt der Kunde Ihnen Fragen wie *„Wann würden Sie denn dann liefern können?"* oder *„Haben Sie die Ausführung auch mit der XY-Funktion vorrätig?"*, können Sie davon ausgehen, dass es mit hoher Wahrscheinlichkeit zum Auftrag kommt.

■ Was die nonverbalen Signale, also die Körpersprache angeht, sind Sie ja auf dem Laufenden: Sie erkennen die Zustimmung Ihres Gesprächspartners unter anderem daran, dass er sich Ihnen mittlerweile zuwendet, statt sich wegzudrehen, dass er öfters zustimmend mit dem Kopf nickt, dass er eine entspannte Körperhaltung einnimmt, dass er Sie anlächelt und das Produkt oder die Zeichnung des Artikels gar nicht mehr aus der Hand geben will.

Wenn Sie mindestens eine dieser Verhaltensweisen wahrnehmen, können Sie zur Tat schreiten: Sie können eine sogenannte Abschlusstechnik anwenden. Da wir es aber mit Menschen zu tun haben, sollten wir den Begriff „Technik" an dieser Stelle vermeiden.

Wir sprechen im emotionalen Verkaufen nicht von Abschlusstechnik, sondern von Abschlussstrategie.

Emotionale Abschlussstrategien wirken

Welche Strategie ist wann sinnvoll? Eine Zeit lang war in gewissen Branchen die „Ja-Kette" modern (teilweise ist sie es auch heute noch): Sie stellen dem Kunden vier Fragen, die er nur mit „Ja" beantworten kann, und schon haben Sie Ihren Auftrag. Oder man fragt rhetorisch: *„Sie wollen doch versichert sein, wenn Ihnen morgen etwas zustößt?"* Hier wird mit der Angst der Kunden gearbeitet; das ist Geschmackssache. Im emotionalen Verkaufen haben diese Praktiken nichts zu suchen, da sie den Kunden auf eine recht unmoralische Art manipulieren. Zudem sind Einkäufer und auch Konsumenten mittlerweile zum Glück so gut informiert, dass sie die meisten dieser Methoden erkennen und ablehnen.

Es geht deutlich geschickter und wertschätzender, wenn Sie durch emotionalen Nutzen und bildhafte Sprache einen Sog erzeugen, sodass der Kunde wirklich kaufen will. Das erspart Ihnen ausgeklügelte Abschlusstechniken und rhetorische Höchstleistungen.

Der Optimalfall: mit V-Fragen zum Abschluss
Sie haben aktiv hingehört, wissen nun, was der Kunde braucht und was ihn dazu bringt, sich für dieses bestimmte Produkt zu interes-

sieren, Sie halten ihm den emotionalen Spiegel vor und fragen dann zur Absicherung:

- „Ist es das, was Sie wollen?"
- „Ist das Ihr Traumurlaub?"
- „Meinten Sie das mit ‚effizient arbeiten'?"
- „Ist das die Ausführung, die Sie gesucht haben?"
- „Haben Sie das mit ‚unkomplizierter Zusammenarbeit' gemeint?"
- „Haben Sie sich das so vorgestellt?"

Wie Sie bemerken, sind das alles geschlossene Fragen, keine offenen W-Fragen mehr, denn hier geht es tatsächlich nur noch um „Ja" oder „Nein". Es geht um die Entscheidung: Auftrag jetzt oder doch erst morgen? Nennen wir diese Art, geschlossene Fragen zu stellen, doch einfach „V-Fragen", wobei das „V" für „Vorbereitung" steht: Sie bereiten damit die letzte Entscheidungsfrage vor.

Da diese Beispiele natürlich nicht die einzigen Möglichkeiten sind, notieren Sie sich hier Ihre eigenen Ideen für V-Fragen:

_____

_____

_____

_____

_____

Antwortet der Kunde bei diesen Beispielfragen wie erwartet mit „Ja", brauchen Sie nur noch eine einzige Frage zu stellen: die Abschlussfrage.

■ *„Wollen wir das so machen?"*
■ *„Soll ich es zur Kasse bringen?"*
■ *„Soll ich es als Geschenk einpacken?"*
■ *„Wohin darf ich denn die Auftragsbestätigung schicken?"*
■ *„Wohin sollen wir liefern?"*

Welche einfachen und gerne auch kreativen Abschlussfragen fallen Ihnen noch ein?

_____

_____

_____

_____

_____

Ein Schmuckverkäufer fragte einmal eine freundliche Dame: *„Wollen Sie sich denn nun selbst glücklich machen und diese tolle Uhr mitnehmen?"* Natürlich wollte sie das. Seien Sie wie in der Kundenansprache ruhig auch beim Abschluss kreativ und originell: Der Kunde wird sich auf jeden Fall an Sie erinnern.

Sollte Ihr Kunde wider Erwarten auf eine der obigen Fragen mit „Nein" antworten, geht es wieder von vorne los: Es ist an Ihnen, herauszufinden, was ihn noch stört, was ihn noch nicht ganz überzeugt hat, welche Informationen ihm fehlen. An dieser Stelle sollten Sie ganz besonders vorsichtig sein mit den Fragewörtern „wieso, weshalb, warum". Der Kunde will seine Entscheidungen nicht rechtfertigen.

Es gibt allerdings auch noch einige andere Strategien, die erfolgversprechend sind:

Die Vorwegnahmestrategie

In die Zukunft schauen

■ *„Angenommen, Sie führen unsere Artikel auf Lager: In welchem Turnus soll ich Sie dann besuchen?"*

■ *„Angenommen, Sie sitzen heute Abend im Wohnzimmer vor Ihrem neuen Fernsehgerät: Wie wichtig wäre Ihnen denn dann der Klang?"*

■ *„Angenommen, Sie bestellen die Schrauben bei uns: Wie lange würden Sie denn damit auskommen?"*

Der Kunde visualisiert hierbei die Zukunft mit Ihnen und Ihren Produkten. Wenn ihm das gefällt, was er sieht, wird er kaufen. Eine Antwort auf die erste Frage könnte lauten: *„Alle vier Wochen."* Eine wunderbare Gelegenheit, die Abschlussfrage Ihrer Wahl zu stellen, denn die Chancen sind groß. Wenn an dieser Stelle Einwände oder Fragen kommen, beantworten Sie diese und fragen dann, wann Sie liefern sollen oder ob Sie den Kunden zur Kasse begleiten sollen.

Zusatzverkäufe tätigen

Einen sehr schönen Nebeneffekt kann diese Strategie haben, wenn Sie weitere Artikel bei Ihrem Kunden platzieren möchten oder ihm noch etwas anderes verkaufen können: Sie leiten mit dieser Art der Fragen einen Zusatzverkauf ein.

■ *„Angenommen, Sie nehmen diesen Tablet-PC gleich mit: Wie wäre es denn mit einer schicken Tasche dazu, die Ihr wertvolles Gerät schützt?"*

Sollte der Kunde an dieser Stelle sagen: *„Oh ja, was haben Sie denn im Angebot?"*, ist der PC so gut wie verkauft. Wofür braucht er denn sonst eine solche Tasche?

Die Empfehlungsstrategie

Wählen Sie diese Methode aus, dann achten Sie im Vorfeld darauf, ob der Kunde wirklich jemand ist, der Referenzen braucht. Es gibt sehr viele Menschen, die extrem individualistisch veranlagt sind, denen Sie nichts verkaufen, was „alle anderen auch haben".

Anderen Kunden hingegen gibt es eine Sicherheit: „Aha, das Produkt kann ja nicht so falsch sein, wenn der Marktführer es auch benutzt." Gerade in Branchen, die Dienstleistungen anbieten (beispielsweise Werbung, Public Relations, Internet, Verkaufstrainings und Vorträge) sind Referenzen ganz wichtig, denn Ihr Interessent hat hier kein Produkt zum Anschauen, Anhören, Anfassen, Riechen oder Schmecken. Es kommt ganz alleine darauf an, ob der Kunde Ihnen vertraut oder nicht. Bitte achten Sie besonders auf klare und eindeutige Formulierungen:

- ■ *„Ihre Partnerfirma in … führt diese Produkte bereits.“*
- ■ *„Wir haben schon viele Projekte dieser Art in Ihrer Branche erfolgreich durchgeführt.“*
- ■ *„Viele Damen wie Sie (bitte vorsichtig und achtsam sein hierbei!) nutzen diese Nachtcreme.“*

Referenzen nennen

Die Appellstrategie

Wenn Sie merken, dass die Gesprächsatmosphäre gelöst und vertraulich ist, der Kunde also Vertrauen zu Ihnen gewonnen hat, dürfen Sie ihn ruhig einmal kurz „mental anstupsen" mit der Appellstrategie. Sie appellieren an die Bedürfnisse, die Ihr Kunde hat: zum Beispiel an den Stolz, an den Drang nach Freiheit, an die Individualität, …

- ■ *„Sie sind doch in der Branche bekannt für Innovationen …“*
- ■ *„Wenn das Jackett IHNEN nicht steht, wem denn dann?“*
- ■ *„Wenn SIE sich dieses Traumauto nicht leisten können, wer denn dann?*
- ■ *„Ihr Unternehmen ist wie geschaffen für eine solch effiziente Fertigungsstraße.“*

Dem Kunden schmeicheln

Natürlich soll sich der Kunde geschmeichelt fühlen, deshalb sagen Sie solche Dinge wirklich nur dann, wenn Sie es auch so meinen. Wenn der Kunde dann immer noch nicht will, gibt es mehrere Möglichkeiten, woran das liegen könnte:

- ■ Sie haben im Vorfeld nicht richtig hingehört und demnach nicht das Richtige angeboten.
- ■ Sie haben richtig hingehört, das Richtige angeboten, aber der Kunde wollte eigentlich nur schauen? Dann haben Sie vielleicht nicht richtig zwischen den Zeilen gelesen und auf seine Körpersprache geachtet …

▉ Sie bieten eine Dienstleistung oder ein Produkt an, das der Interessent nicht vorher sehen oder testen kann, und haben es bis dahin leider noch nicht geschafft, sein Vertrauen zu gewinnen.

Im ersten Fall bedeutet das wie erwähnt für Sie: fragen, fragen, fragen. Fangen Sie wieder von vorne an, so der Kunde denn die Geduld und die Lust dazu hat.

Im zweiten Fall werden Sie höchstwahrscheinlich nicht so schnell zum Auftrag kommen: Allerdings besteht auch bei den „Will nur mal schauen"-Kunden ein grundsätzliches Kaufinteresse. Vielleicht nicht heute oder diese Woche, aber eventuell im nächsten Monat oder im nächsten Jahr wird der Kaufwunsch akut. Also hinterlassen Sie einen guten und bleibenden Eindruck, damit der Kunde sich an Sie und Ihr Unternehmen gern erinnert, wenn es so weit ist. Und sorgen Sie dafür, dass er weiß, mit wem er gesprochen hat und an wen er sich in der Zukunft wenden soll: Geben Sie ihm Ihre Visitenkarte, einen Prospekt mit Ihrem Namen darauf oder einem Kugelschreiber mit Ihrer Mailadresse.

Der dritte Fall schreit förmlich nach einer „radikaleren" Lösung. Es gibt tendenziell eher zweifelnde Menschen: Wenn diese Kunden etwas kaufen sollen, das sie nicht sehen und fühlen können, das es vielleicht noch nicht einmal gibt, wird es sehr herausfordernd für uns Verkäufer. Würden Sie dann so einfach bestellen? Jeder von uns braucht hier deutlich mehr Argumente. Oft die letzte Möglichkeit ist

Die Geld-zurück-Strategie

Sie bieten dem Kunden beispielsweise an, dass er die Rechnung erst dann bezahlen muss, wenn er wirklich hundertprozentig zufrieden ist. Es liegt an Ihnen, die Risiken zu kalkulieren. Wenn Sie von Ihrer Dienstleistung oder Ihrem Produkt überzeugt sind, kann hoffentlich nicht viel passieren. Die Frage ist nur, ob Sie es sich finanziell leisten können, länger als üblich auf den Zahlungseingang zu warten. Manche Unternehmen, die solche Angebote unterbreiten, kalkulieren das von vornherein in ihre Verkaufspreise ein.

Die Geld-zurück-Strategie ist das letzte Mittel im Verkauf, den Abschluss doch noch zu retten. Also nutzen Sie diese Möglichkeit bitte nicht zu früh und verschenken so zu viel. Im Zweifelsfalle verzichten Sie lieber auf ein Geschäft, das keines mehr ist.

Bei aller Kundenorientierung: Es zählt nicht Ihr Umsatz, es zählt Ihr Gewinn.

Die Humorstrategie

Im Humor-Kapitel haben Sie beim Thema Selbstironie schon einige erprobte Varianten kennengelernt, auf lockere Art und Weise zum Ziel zu gelangen. Ich weise noch einmal auf den Verkäufer hin, der aufgrund seiner Körperfülle froh ist, sitzen zu können, und das mit einem Auftrag am PC verbinden möchte. Wenn Ihr Gespräch mit dem Kunden gut war, Sie einander sympathisch finden und hin und wieder gelacht haben: Was hindert Sie daran, beim Abschluss daran anzuknüpfen?

Ein ironisches *„Kommen Sie, kaufen Sie jetzt, sonst schließt uns der Nachtwächter gleich ein"* oder ein selbstironisches *„Bestellen Sie schnell, sonst bringt mein Arbeitgeber schon wieder ein neues Modell auf den Markt"* bringt Sie Ihrem übergeordneten Ziel ein Stück näher: einen Kunden zu gewinnen, der Ihnen vertraut und gerne wiederkommt.

Auf welche Weise Sie auch immer zum Abschluss kommen: Bitte sorgen Sie aktiv dafür, dass es überhaupt einen Abschluss gibt. Fassen Sie das Gesagte, das Vereinbarte und auch das, was noch zu erledigen ist, kurz zusammen: Das schafft Verbindlichkeit und Sicherheit für den Kunden. Sollten wirklich einmal alle Stricke reißen und der Kunde lässt sich wider Erwarten nicht auf den Kauf ein, dann hilft Ihnen folgender Satz:

Sie bekommen nicht jeden Kunden. Aber Sie sollten es wenigstens versuchen.

Die letzten Sätze sind entscheidend

Egal, wie Ihr Kunde gelaunt war, als er Ihren Laden betrat oder als Sie ihn in seinem Büro zum ersten Mal gesehen haben: Am Ende sollte er „gut drauf" sein! Wie die Ansprache, die ersten Worte, so bleiben auch die letzten Worte stark in Erinnerung. Hier haben Sie eine große Chance, den bisher guten Eindruck Ihrer Persönlichkeit noch einmal zu verstärken. Ob wir es nun professionelle Verabschiedung nennen oder emotionaler Abschluss:

Entscheidend ist, was der Kunde einen Tag später noch mit Ihnen verbindet.

Tipps für Schlusssätze

- Der wichtigste Tipp zuerst: Bedanken Sie sich mit wirklicher Freude für den Auftrag. Nicht dieses automatische Danke, sondern das Danke, das von Herzen kommt. Es ist beileibe keine Schwäche, wenn man zugibt, dass man sich freut, und das dann äußert. Im Gegenteil: Es zeugt von Stärke und Souveränität und macht Sie sympathisch.

- Weisen Sie den Kunden im Hinausgehen oder kurz davor auf Neuigkeiten hin: *„Beim nächsten Besuch bringe ich Ihnen xxx mit."* Das schafft Neugierde und Sie haben einen Aufhänger für das nächste Gespräch.

- Nach einer intensiven Verhandlungsrunde, die für alle Seiten lohnend ausgegangen ist, freut sich Ihr Kunde darüber, wenn Sie sich beispielsweise für seine faire Art zu verhandeln bedanken (wenn das wirklich so war) oder ihm mitteilen, dass es Spaß gemacht hat, mit ihm zu sprechen: *„Ich finde es toll, dass Sie zwar hart, aber doch sehr fair mit mir verhandelt haben."* Oder: *„Sie haben mich wirklich gefordert, das hat Spaß gemacht."*

- Wenn Sie im Einzelhandel tätig und nicht jeden Tag zur gleichen Zeit vor Ort sind: Geben Sie Ihrem Kunden die Information, wann er sie antrifft – falls er noch etwas wünscht: *„Wenn Sie* *noch Fragen haben: Ich bin immer von Dienstag bis Donnerstag ab 14:00 Uhr im Geschäft, freitags ab 12:00 Uhr. Sprechen Sie mich gerne wieder an."* Das zeigt ihm, dass Sie sich aufrichtig kümmern.

▨ Manchmal erzählt Ihnen Ihr Gesprächspartner Dinge, die ihn gerade im Unternehmen bewegen, zum Beispiel, dass er abends an einer Betriebsratsversammlung teilnimmt, auf der es „hoch hergehen" wird. Wie wäre es, wenn Sie im Hinausgehen sagen: *„Berichten Sie mir doch beim nächsten Mal davon, das interessiert mich auch."* Da wir solche vermeintlichen Kleinigkeiten schnell vergessen, notieren Sie sich das schnellstens, damit es beim nächsten Besuch nicht untergeht. Auch das schafft Vertrauen.

▨ Ein authentisches *„Viel Spaß heute Abend im Stadion!"* hat auch noch niemandem geschadet. Es zeigt, dass Sie hingehört und alles mitbekommen haben.

▨ Auch wenn es hin und wieder zur Floskel verkommt, ist es vollkommen in Ordnung, dem Kunden noch gute Geschäfte oder selbst viele nette Kunden zu wünschen. Solange es ernst gemeint ist und authentisch wirkt, wird er sich darüber freuen.

Für welche vertrauensfördernde Maßnahme Sie sich auch entscheiden: Es ist die richtige!

Was tun Freunde hin und wieder, wenn sie bei Ihnen auf einer Party eingeladen waren und den Abend richtig klasse fanden? Sie rufen häufig am nächsten Tag an und bedanken sich oder schicken noch abends eine SMS. Nein, schicken Sie Ihrem Kunden jetzt bitte keine SMS, das ist im geschäftlichen Bereich nicht der richtige, weil wenig seriöse Weg (außer, Sie kennen den Kunden wirklich gut und lange). Schicken Sie ihm doch eine kurze (!) Bestätigungsmail und bedanken sich herzlich für das freundliche, anregende und informative Gespräch. Nicht nach jedem Besuch, nur dann, wenn es thematisch sinnvoll erscheint, zum Beispiel bei Ihrem Antrittsbesuch bei einem potenziellen Neukunden oder nach der Vereinbarung einer weiteren Zusammenarbeit. Das macht

Danach: die Bestätigung

einen guten und professionellen Eindruck. Der Kunde wird nicht immer darauf reagieren, er wird es allerdings wohlwollend registrieren.

Eine kurze Bestätigungs- oder Dankes-Mail rundet Ihr Verkaufsgespräch sachlich und emotional ab.

Das Wichtigste in 7 Schritten

1. Achten Sie auf Abschlusssignale, um den richtigen Zeitpunkt für Ihre Abschlussfrage zu erkennen.
2. Sorgen Sie immer für einen verbindlichen Gesprächsabschluss.
3. Stellen Sie Vorbereitungsfragen (V-Fragen), um den Abschluss einzuleiten.
4. Wählen Sie eine Abschlussstrategie, die zu Ihnen, dem Kunden und dem Anlass passt.
5. Sorgen Sie am Ende des Gesprächs dafür, dass Ihr positiver Eindruck beim Kunden noch verstärkt wird.
6. Zeigen Sie zum Beispiel mit einer E-Mail, dass Sie auch nach einem Auftrag noch an Ihren Kunden denken.
7. Sie bekommen nicht jeden Kunden. Aber Sie sollten es versuchen.

Ein paar Worte am Schluss

Eine Geschichte zum Nachdenken

Es geschah an einem trüben und regnerischen Dienstagmorgen, als unser Hauptdarsteller für die nächsten Minuten – nennen wir ihn Bernd – im Besucherzimmer seines Kunden Platz nahm.

Bernd ist Vertriebsingenieur in einem Unternehmen, das Akku-Schrauber herstellt, und bekannt für sein enormes technisches Wissen: Es gibt keine Einzelheit an diesen Produkten, die er nicht kennt. Der Kunde, bei dem er saß, war einer derer, die nur dann bestellten, wenn der Hauptlieferant einmal nicht liefern konnte. Bernd war also nur der Notnagel. Aber heute nun war es endlich so weit: Nach langem Hin und Her hatte er einen Termin bekommen, um dem bisherigen Kleinkunden das komplette Sortiment vorzustellen. Der Kunde begrüßte ihn freundlich und nach ein paar netten Worten legte Bernd los: Er blätterte Seite für Seite des Katalogs durch und hatte zu jedem Produkt und jeder Version eine Menge zu erzählen, während draußen der Regen gegen die Fensterscheibe prasselte.

Nach etwa zehn Minuten – vielleicht war es auch länger – schaute Bernd auf und erschrak: Der Kunde SCHLIEF! Er saß in seinem Stuhl, den Kopf zur Seite geneigt und schlief. Bernds Puls schnellte in die Höhe: Was sollte er tun? Ihn wecken? Den Katalog laut fallen lassen, damit der Kunde wieder wach wurde?

Nach einiger Zeit des Nachdenkens und des Wartens packte er mit schweißnassen Händen seine Unterlagen zusammen, ging hinaus und zog leise die Tür hinter sich zu …

Als Bernd am nächsten Morgen nach sehr unruhiger Nacht aufwachte, wurde ihm klar, was passiert war und was beziehungsweise wen er hinterlassen hatte: einen Kunden, der in seinem Stuhl eingeschlafen war. Er hatte ihm noch nicht einmal eine kurze Nachricht hinterlassen. Was sollte er auch draufschreiben? „Ich komme wieder, wenn Sie ausgeschlafen sind?" Nein, das ging nicht.

Bernd fasste all seinen Mut zusammen und rief den Kunden an, um einen neuen Termin zu vereinbaren: Er vermied es, ihn auf seine

Schläfrigkeit anzusprechen, was sich als sinnvoll erwies, denn sein Gesprächspartner taute von Minute zu Minute mehr auf und sie verabredeten sich genau zwei Wochen später zum nächsten Versuch.

Mit einer gehörigen Portion Nervosität betrat Bernd nun zum zweiten Mal das besagte Besucherzimmer, wieder regnete es in Strömen draußen, wieder schien dieses unselige Neonlicht von der Decke. Aber dieses Mal war alles anders: Er schaute den Kunden an, hielt Blickkontakt, machte Sprechpausen, variierte Sprechtempo und Lautstärke, stellte Fragen und hörte seinem Kunden aufmerksam zu und sprach nur so viel wie unbedingt nötig. Er beantwortete die Fragen des Kunden und schweifte nicht ab; seine Sprache war klar und eindeutig ohne zu viele Fachbegriffe, er formulierte positiv und bildhaft.

Aber vor allem war und wirkte er authentisch. Er ließ es zu, dass sein Kunde auch seine lustige Seite und ebenfalls seine nachdenkliche und ernsthafte Seite wahrnahm. Er erzählte witzige Anekdoten aus seinem Job, Erlebnisse, die andere Kunden mit seinen Produkten hatten, und fühlte sich dabei richtig wohl.

Es ist mittlerweile etwa ein Jahr her, seitdem Bernd diesen Kunden zum ersten Mal besucht hat. Er ist nicht sein größter Kunde geworden, aber er kauft regelmäßig.

Diese kuriose Geschichte erzählte mir ein Teilnehmer in einem Verkaufstraining. Sie zeigt deutlich, dass Sie im Verkauf wesentlich mehr Erfolg erzielen, wenn Sie wirklich auf Ihre Kunden eingehen. Ganz gleich, in welcher Branche Sie arbeiten, egal, welche Kunden Sie bedienen: Das intensive Eingehen auf den jeweiligen Menschen macht sich über kurz oder lang an Ihren Umsatz- und Gewinnzahlen bemerkbar. Wenn Sie authentisch, achtsam und anpassend in Verkaufsgesprächen agieren, wenn Sie aufmerksam auf die Aktionen und Reaktionen achten und daraus die richtigen Schlüsse ziehen, ist nicht nur Ihr Kunde glücklich, sondern auch Sie werden es sein.

Bringen Sie Ihre Persönlichkeit ein

- ▨ Haben Sie den Mut und stehen Sie zu Ihrem Humor, es muss ja nicht gleich ein kabarettistischer Höhepunkt sein, der mit dem Deutschen Comedy-Preis ausgezeichnet wird.
- ▨ Werfen Sie durch bildhafte Sprache den inneren Projektor Ihrer Kunden an, Sie werden weitaus mehr und einfacher verkaufen, wenn Sie Bilder projizieren.

- Vergessen Sie bei der Hatz nach neuen Kontakten Ihre Stammkunden nicht; lassen Sie sich immer wieder etwas Neues einfallen, damit diese merken, dass sie bei Ihnen im Mittelpunkt stehen.
- Auch wenn gerade kein Auftrag winkt: Kümmern Sie sich um jeden Kunden, rufen Sie ihn zum Beispiel ohne direkte Auftragsabsicht an und hören nach, wie es ihm und dem Unternehmen geht.

Bringen Sie sich als Menschen ein: den ernsthaften und den komischen Teil, den lauten und den leisen, den starken und warum nicht auch einmal den schwachen Teil Ihrer Person. Lassen Sie Ihre Emotionen zu und stellen Sie die Ihres Kunden in den Mittelpunkt, denn das ist es, was Ihr Kunde wirklich will.

Seien Sie – im positiven Sinne – das schwarze Schaf. Dann werden Sie in der Masse wahrgenommen, dann darf die Toskana ruhig in Wanne-Eickel liegen.

Ich wünsche Ihnen viel Spaß beim Verkaufen!

Literaturtipps

Bücher, die mich zum Thema Verkauf inspiriert haben:

Etrillard, Stéphane:
Spitzengespräche im Verkauf. In 8 Schritten sicher zum Verkaufserfolg. Paderborn: Junfermann. 2004

Herndl, Karl:
Auf dem Weg zum Profi im Verkauf: Verkaufsgespräche zielstrebig und kundenorientiert führen. Wiesbaden: Gabler. 2009

Kaltenbach, Walter und Amann, Markus:
Was im Verkauf wirklich zählt! Die besten Methoden für volle Auftragsbücher. Göttingen: Business Village. 2009

Köhler, Hans-Uwe L.:
Verkaufen ist wie Liebe: Nutzen Sie Ihre Emotionale Intelligenz. Das Handbuch der Verkäufer. Regensburg: Walhalla U. Praetoria. 2010

Bücher, die mich zum Thema Persönlichkeit und Präsentation inspiriert haben:

Gigerenzer, Gerd:
Bauchentscheidungen: Die Intelligenz des Unbewussten und die Macht der Intuition. München: Goldmann. 2008

Matschnig, Monika:
30 Minuten Körpersprache verstehen. Offenbach: GABAL. 2007

Moesslang, Michael:
Professionelle Authentizität: Warum ein Juwel glänzt und Kiesel grau sind. Wiesbaden: Gabler. 2010

Schmitt, Tom und Esser, Michael:
Status-Spiele: Wie ich in jeder Situation die Oberhand behalte. Frankfurt: Scherz. 2009

Topf, Cornelia:
Einfach mal die Klappe halten: Warum Schweigen besser ist als Reden. Offenbach: GABAL. 2010

Bücher, die mich beim Thema Humor weitergebracht haben:

Jaud, Tommy:
Resturlaub: Das Zweitbuch. Frankfurt: Fischer (Tb.). 2007

Stevenson, Doug:
Die Storytheater-Methode: Strategisches Geschichtenerzählen im Business. Offenbach: GABAL. 2008

Link zum Thema Emotionen:

http://arbeitsblaetter.stangl-taller.at/EMOTION/

Links zu ausgesuchten Persönlichkeitsprofilanalysen:

http://www.disg-profile.de
http://www.insights.de
http://www.tms-zentrum.de
http://www.biostruktur.info

Stichwortverzeichnis

Über den Autor

Lars Schäfer ist Speaker, Trainer und Autor und gilt als führender Experte zum Thema „Emotionales Verkaufen". Nach Ausbildungen zum Industriekaufmann und Fachkaufmann Marketing war er 15 Jahre erfolgreich als selbstständiger Handelsvertreter im Außendienst unterwegs. Seine Kunden waren Werkzeugfachhändler und Baumärkte, die reichlich Stoff für Anekdoten boten.

Seit 2004 ist er selbstständiger Verkaufs- und Kommunikationstrainer mit dem Spezialthema „Kundenbindung durch Emotionales Verkaufen". Er bietet Verkaufstrainings für den Außendienst, für Shopmitarbeiter und Vertriebsingenieure. Seine Trainings zeichnen sich durch einen ausgeprägten Motivationsfaktor, Humor und hohen Praxisnutzen aus. Seine unterhaltsamen und lehrreichen Vorträge zum Thema „Emotionales Verkaufen" überzeugen durch ihre Authentizität und Emotionalität.

Lars Schäfer ist Mitglied der German Speakers Association – GSA. http://www.emotionalesverkaufen.de

Management – fundiert und innovativ

Steve Kroeger
Die 7 Summits Strategie
ISBN 978-3-86936-229-8
€ 19,90 (D) / € 20,50 (A)

Markus Väth
**Feierabend hab ich,
wenn ich tot bin**
ISBN 978-3-86936-231-1
€ 19,90 (D) / € 20,50 (A)

David Allen
Ich schaff das!
ISBN 978-3-86936-178-9
€ 24,90 (D) / € 25,60 (A)

Brian Tracy
Keine Ausreden!
ISBN 978-3-86936-235-9
€ 29,90 (D) / € 30,80 (A)

Hans-Uwe L. Köhler
Die Perfekte Rede
ISBN 978-3-86936-228-1
€ 24,90 (D) / € 25,60 (A)

Svenja Hofert
Das Slow-Grow-Prinzip
ISBN 978-3-86936-236-6
€ 24,90 (D) / € 25,60 (A)

Andreas Buhr
Vertrieb geht heute anders
ISBN 978-3-86936-230-4
€ 29,90 (D) / € 30,80 (A)

Tom Peters
The Little Big Things
ISBN 978-3-86936-171-0
€ 29,90 (D) / € 30,80 (A)

Stefan Merath
**Die Kunst seine Kunden
zu Lieben**
ISBN 978-3-86936-176-5
€ 29,90 (D) / € 30,80 (A)

Weitere Informationen finden Sie unter www.gabal-verlag.de

So klingt Wissen!

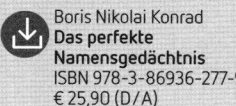

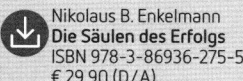

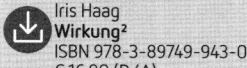

Business-Bücher für Erfolg und Karriere

Katja Kerschgens
Reden straffen statt Zuhörer strafen
ISBN 978-3-86936-187-1
€ 19,90 (D) / € 20,50 (A)

Gitte Härter
Sorry!
ISBN 978-3-86936-246-5
€ 17,90 (D) / € 18,50 (A)

Harald Scheerer
Endlich erfolgreich miteinander sprechen
ISBN 978-3-86936-241-0
€ 17,90 (D) / € 18,50 (A)

Patric P. Kutscher
Stimmtraining
ISBN 978-3-86936-247-2
€ 17,90 (D) / € 18,50 (A)

Claudia Fischer
Telefon Power
ISBN 978-3-86936-186-4
€ 17,90 (D) / € 18,50 (A)

Josef W. Seifert
Visualisieren Präsentieren Moderieren
ISBN 978-3-86936-240-3
€ 19,90 (D) / € 20,50 (A)

Elisabeth Ramelsberger,
Michael Rossié
Medientrainig kompakt
ISBN 978-3-86936-243-4
€ 19,90 (D) / € 20,50 (A)

Dorothee U. Lüttmann,
Patrick Schwarzkopf
Pimp up your Coffee Break
ISBN 978-3-86936-244-1
€ 19,90 (D) / € 20,50 (A)

Hartmut Laufer
Grundlagen erfolgreicher Mitarbeiterführung
ISBN 978-3-89749-548-7
€ 19,90 (D) / € 20,50 (A)

Johannes Stärk
Assessment-Center erfolgreich bestehen
ISBN 978-3-86936-184-0
€ 29,90 (D) / € 30,80 (A)

Chris Brügger,
Michael Hartschen,
Jiri Scherer
Simplicity.
ISBN 978-3-86936-245-8
€ 19,90 (D) / € 20,50 (A)

Aljoscha Long
Gib alles, was du hast – und du bekommst alles, was du willst
ISBN 978-3-86936-242-7
€ 19,90 (D) / € 20,50 (A)

Weitere Informationen finden Sie unter www.gabal-verlag.de